汇编语言程序设计教程

花小朋　刘其明　王一飞　编　著

中国矿业大学出版社

内 容 提 要

本书主要阐述汇编语言程序设计方法和技术。全书共分三部分:第1章和第2章为基础知识部分;第3章和第4章为编程工具部分,主要内容为8086/8088指令系统与寻址方式,以及包括伪指令在内的汇编语言程序格式;第5章至第9章为编程方法部分,内容包括分支、循环、子程序等基本结构,程序设计的基本方法和技术,宏汇编技术和以中断为主的输入输出程序设计方法,以及 BIOS 和 DOS 系统功能调用。在内容组织上,将指令系统中控制类指令全部分散到后续章节中结合相关内容介绍。这样,一方面可使学生更好地掌握相关指令的运用;另一方面也使得学生能够尽早上机编程实践,使得理论教学与实践教学同步进行。书中提供了大量程序例题,每章之后均附有习题。

本书可作为高等院校计算机及相关专业的本、专科教材,也可以作为从事软件工程技术编程人员的参考书。

图书在版编目(C I P)数据

汇编语言程序设计教程 / 花小朋,刘其明,王一飞编著.—徐州:
中国矿业大学出版社,2010.11

ISBN 978 - 7 - 5646 - 0876 - 7

Ⅰ.①汇… Ⅱ.①花… ②刘… ③王… Ⅲ.①汇编语言—程序设计—
高等学校—教材 Ⅳ.① TP313

中国版本图书馆 CIP 数据核字(2010)第 219398 号

书　　名	汇编语言程序设计教程
编　　著	花小朋　刘其明　王一飞
责任编辑	杨　洋　仓小金
责任校对	张海平
出版发行	中国矿业大学出版社有限责任公司
	(江苏省徐州市解放南路　邮编 221008)
营销热线	(0516)83885307　83884995
出版服务	(0516)83885767　83884920
网　　址	http://www.cumtp.com　E-mail:cumtpvip@cumtp.com
印　　刷	徐州中矿大印发科技有限公司
开　　本	787×1092　1/16　印张 10.5　字数 262 千字
版次印次	2010 年 11 月第 1 版　2010 年 11 月第 1 次印刷
定　　价	22.00 元

(图书出现印装质量问题,本社负责调换)

前　言

　　汇编语言是计算机能够提供给用户使用的最快而又最有效的语言之一,也是能够利用计算机所有硬件特性并能直接控制硬件的唯一语言。在对程序的空间和时间要求很高的场合,汇编语言的应用是必不可少的;很多需要直接控制硬件的应用场合,更是离不开汇编语言。汇编语言的编程模型是 CPU 内部的寄存器、内存单元、CPU 的芯片端口等。因此,掌握了汇编语言,就了解了计算机的内部结构和 CPU 的工作流程,进而可以更好地提高专业技能。

　　“汇编语言程序设计”是高等院校计算机科学与技术及相关专业必修的一门专业基础课,它是计算机组成原理、操作系统及其他核心课程的基础课,也是微机原理、单片机应用等课程的学习基础。通过该课程的学习,一方面能够使学生深入地理解计算机内部完成各种复杂操作和运算的基本原理;另一方面可以很好地培养学生掌握程序设计基本技术和基本方法,对以后学习其他的程序设计语言大有裨益。

　　全书以 8086/8088 指令系统为基础,共分 9 章进行讲述。第 1 章为汇编语言基础知识,包括汇编语言概述、数制及数制转换以及计算机中数与字符的表示。第 2 章为微型计算机组织,包括基于微处理器的计算机系统构成、中央处理器和存储器。第 3 章为寻址方式与指令系统,包括 7 种基本寻址方式和 8086/8088 的指令系统。第 4 章为汇编语言程序格式,包括汇编程序功能、伪指令、汇编语言程序格式、汇编语言程序的上机过程。第 5 章为分支程序设计,包括转移指令和分支程序设计方法。第 6 章为循环程序设计,包括循环控制指令和循环程序设计方法。第 7 章为子程序设计,包括子程序的定义、子程序的调用与返回指令、子程序的编写方法、子程序的嵌套、中断指令和 DOS 系统功能调用。第 8 章为高级汇编语言技术,包括宏汇编、重复汇编和条件汇编。第 9 章为输入输出程序设计,包括 I/O 设备的数据传送方式、程序直接控制 I/O 方式、中断传送方式及 BIOS 和 DOS 中断。书中提供了大量程序例题,每章之后均附有若干习题,便于读者复习及检查学习效果。在内容组织上,将指令系统中控制类指令全部分散到后续章节中结合相关内容进行介绍。这样,一方面可使学生更好地掌握相关指令的运用;另一方面也能够让学生较早进行上机编程实践,使理论教学与实践教学同步进行。

本书可作为高等院校计算机及相关专业的本、专科教材,也可以作为软件工程技术编程人员的参考用书。

本书由花小朋主编并统稿,第 1 章至第 6 章由花小朋编写,第 7 章、第 8 章由刘其明编写,第 9 章由王一飞编写。由于时间仓促,书中如有错误或不当之处,欢迎读者不吝批评指正。

编 者
2010 年 9 月

目　录

第1章 汇编语言基础知识

1.1 汇编语言概述

　　计算机只能直接识别由 0 和 1 组成的二进制代码。机器指令就是用二进制编码的,每一条机器指令控制计算机完成一个基本操作。某一种处理器所支持的全部指令的集合就是该处理器的指令系统。指令集及使用它们编写程序的规则被称做机器语言。

　　机器语言程序是计算机唯一能够直接识别并执行的程序,因此,机器语言程序常被称为目标程序(或目的程序)。用机器语言编写的程序占用内存小,运行速度快,但机器语言不易读、出错率高、难维护,也不能直观地反映用计算机解决问题的基本思路。因此,只有在计算机发展的早期或者不得已的情况下,才使用机器语言编写程序。

　　汇编语言是一种采用助记符表示的程序设计语言。助记符一般都是英语单词的缩写,因而方便人们书写、阅读和检查,例如用“ADD”表示加法。用汇编语言编写的程序称为汇编语言源程序,它不能由机器直接执行,而是需要被翻译成机器语言程序才可以由处理器执行,这个翻译的过程称为汇编,完成汇编工作的程序称为汇编程序。

　　汇编语言的指令与机器语言指令一一对应,汇编语言与机器语言都和计算机的硬件系统紧密相关,计算机的硬件系统结构不同,汇编语言和机器语言一般也不同,因此,汇编语言和机器语言均不具有通用性,通常将这两种语言称为低级语言。

　　汇编语言比机器语言直观,但仍然繁琐难记。20 世纪 50 年代出现了高级程序设计语言。高级语言是相对于低级语言而言的,高级语言采用接近于人类自然语言的语法形式及数学表达形式,它与具体的计算机硬件无关,具有很好的通用性,更容易被掌握和使用。利用高级语言,即使是一般的计算机用户也可以编写软件,而不必懂得计算机的内部结构和工作原理。当然,用高级语言编写的源程序也不会被机器直接执行,也须经过编译或解释程序的翻译才能变为机器语言程序。目前广泛应用的高级语言有 10 多种,例如简单易用的 BASIC 语言、算法语言 FORTRAN、结构化语言 PASCAL、系统程序语言 C/C++等。

　　与机器语言相比,汇编语言易于理解和记忆,也易于编写、阅读和调试。由于其语句与机器指令语句一一对应,因此,汇编语言可以非常方便有效地控制机器。当编写操作系统或其他系统软件时,汇编语言是不可或缺的工具。汇编语言程序的执行效率比高级语言高,这种高效体现在时间和空间两个方面。汇编程序的执行速度快,在实现同样功能的情况下,汇编语言程序生成的二进制可执行程序短。通过学习汇编语言编程,用户将对计算机体系结构及运行原理产生更深刻的认识,这是从高级语言中无法学到的。再者,汇编语言编程与高级语言编程在很多地方是相通的,掌握汇编语言程序设计,有助于学习高级语言编程。

1.2 数制及数制转换

1.2.1 进位计数制

1.2.1.1 十进制

十进制是习惯上最常用的记数法,它的基本元素是 $0\sim9$ 十个数码,即其基数为 10,遵循逢十进一的规则。一个任意的十进制数可以表示为:

$$a_n a_{n-1} \cdots a_0 . b_1 b_2 \cdots b_m$$

其值为:

$$a_n \cdot 10^n + a_{n-1} \cdot 10^{n-1} + \cdots + a_i \cdot 10^i + \cdots + a_0 \cdot 10^0 +$$
$$b_1 \cdot 10^{-1} + b_2 \cdot 10^{-2} + \cdots + b_j \cdot 10^{-j} + \cdots + b_m \cdot 10^{-m}$$

其中,$a_i(i=0,1,\cdots,n)$,$b_j(j=1,2,\cdots,m)$ 是 $0\sim9$ 十个数码中的一个。

上式中相应于每位数字的 10^k 称为该位数字的权,每位数字乘以其权所得到的乘积之和即为所表示的数值。例如:

$$123.45 = 1\times10^2 + 2\times10^1 + 3\times10^0 + 4\times10^{-1} + 5\times10^{-2}$$

1.2.1.2 二进制

在计算机内,为便于存储及计算的物理实现,采用二进制数表示。二进制的基本元素是 0 和 1,即其基数为 2,遵循逢二进一的规则,各位的权是 2^k。一个任意的二进制数可以表示为:$a_n a_{n-1} \cdots a_0 . b_1 b_2 \cdots b_m$,其值为:

$$a_n \cdot 2^n + a_{n-1} \cdot 2^{n-1} + \cdots + a_i \cdot 2^i + \cdots + a_0 \cdot 2^0 +$$
$$b_1 \cdot 2^{-1} + b_2 \cdot 2^{-2} + \cdots + b_j \cdot 2^{-j} + \cdots + b_m \cdot 2^{-m}$$

其中,$a_i(i=0,1,\cdots,n)$,$b_j(j=1,2,\cdots,m)$ 是 0 和 1 两个数码中的一个。例如:

$$101.101_2 = 1\times2^2 + 0\times2^1 + 1\times2^0 + 1\times2^{-1} + 0\times2^{-2} + 1\times2^{-3} = 5.625_{10}$$

1.2.1.3 八进制与十六进制

八进制的基本元素是 $0\sim7$,即其基数为 8,遵循逢八进一的原则,各位的权是 8^k。十六进制的基本元素是 $0\sim9$ 及 $A\sim F$,即其基数为 16,遵循逢十六进一的原则,各位的权是 16^k。

1.2.1.4 各种记数法书写规范

在计算机里,通常用数字后面跟一个英文字母来表示该数的数制。

十进制数:一般用 D(decimal)表示,如 56D。

二进制数:用 B(binary)表示,如 11010101B。

八进制数:用 O(octal)表示,如 567O。

十六进制数:用 H(hexadecimal)来表示,如 56H。当十六进制数的第一个字符是字母时,在第一个字符之前必须添加一个"0",如 123H、0FFH、0AB34H 等都是十六进制数。

1.2.2 数制转换

1.2.2.1 非十进制数转换成十进制数

方法:将非十进制数按权展开后相加求和即为相应的十进制数。

【例 1.1】 $101101.101B = 1\times2^5 + 1\times2^3 + 1\times2^2 + 1\times2^0 + 1\times2^{-1} + 1\times2^{-3} = 45.625D$

$$123O = 1\times8^2 + 2\times8^1 + 3\times8^0 = 83D$$

$$0F2DH = 15\times16^2 + 2\times16^1 + 13\times16^0 = 3885D$$

1.2.2.2　十进制数转换成非十进制数

方法:将整数部分与小数部分分别转换。整数部分采用除基数取余数法,直至商为 0,先得到的余数为低位,后得到的余数为高位。小数部分采用乘基数取整法,直至乘积为整数或到达指定精度,先得到的整数为高位,后得到的整数为低位。

【例 1.2】 $117D = 1110101B$

$$117/2 = 58 \qquad (a_0 = 1)$$
$$58/2 = 29 \qquad (a_1 = 0)$$
$$29/2 = 14 \qquad (a_2 = 1)$$
$$14/2 = 7 \qquad (a_3 = 0)$$
$$7/2 = 3 \qquad (a_4 = 1)$$
$$3/2 = 1 \qquad (a_5 = 1)$$
$$1/2 = 0 \qquad (a_6 = 1)$$

【例 1.3】 $0.8125D = 0.1101B$

$$0.825\times2 = 1.625 \qquad (b_1 = 1)$$
$$0.625\times2 = 1.25 \qquad (b_2 = 1)$$
$$0.25\times2 = 0.5 \qquad (b_3 = 0)$$
$$0.5\times2 = 1.0 \qquad (b_4 = 1)$$

1.2.2.3　二、八、十六进制数之间的转换

方法:将二进制数转换成八进制数可按 3 位一组进行,转换成十六进制可按 4 位一组进行,每一组对应八进制或十六进制相应数码;分组时如果位数不够,整数部分在最左边补 0,小数部分在最右边补 0。将八进制数转换成二进制数,只需将八进制数一位对应换成 3 位二进制数即可;同样对十六进制数,只需将其中一位对应换成二进制数四位即可。十进制、二进制、八进制和十六进制数之间对应关系如表 1.1 所示。

【例 1.4】 $1100100.11011B = \underline{001}\ \underline{100}\ \underline{100}.\underline{110}\ \underline{110}B = 144.66O$

$$= \underline{0110}\ \underline{0100}.\underline{1101}\ \underline{1000}B = 64.D8H$$

表 1.1　　　　　　　　十、二、八和十六进制数之间对应关系表

二进制	十进制	八进制	十六进制
0	0	0	0
1	1	1	1
10	2	2	2
11	3	3	3
100	4	4	4
101	5	5	5
110	6	6	6

二进制	十进制	八进制	十六进制
111	7	7	7
1000	8	10	8
1001	9	11	9
1010	10	12	A
1011	11	13	B
1100	12	14	C
1101	13	15	D
1110	14	16	E
1111	15	17	F

1.3　计算机中数与字符的表示

1.3.1　数的补码表示

在计算机中,数与数的符号都是用二进制来表示的。连数符一起数值化了的数,称为机器数。一般用最高有效位表示数的符号,正数用 0 表示,负数用 1 表示。机器数可以用不同的码制来表示,常用的表示法有原码、补码和反码。由于多数机器中整数采用补码表示,这里只介绍补码表示法。

补码表示法中,一个正数的补码就是该数本身,即正号用 0 表示,其余数值部分保持不变;一个负数的补码,负号用 1 表示,其余数值部分按位取反(即 0 变成 1,1 变成 0)并且末位加 1。

【例 1.5】　机器字长为 8 位,求＋42D 的补码。

＋42D 可表示为　　　　＋ 010　1010

＋42D 的补码为　　　0 010　1010

十六进制表示为　　　　　2　　　A

即　　　　　　　　　　　$[+42D]_补 = 2AH$

【例 1.6】　机器字长为 8 位,求－42D 的补码。

－42D 可表示为　　　　－010　1010

－42D 的补码为　　　　1101　0110

十六进制表示为　　　　　D　　　6

即　　　　　　　　　　　$[-42D]_补 = 0D6H$

下面,再来讨论一下 n 位补码表示数的范围。8 位二进制数可以表示 $2^8 = 256$ 个数,当它们是补码表示的带符号数时,表示的数的范围是 $-128 \leqslant N \leqslant +127$。一般,$n$ 位补码表示的数的范围是:

$$-2^{n-1} \leqslant N \leqslant 2^{n-1} - 1$$

所以 $n=16$ 时的表示的数的范围是:$-32768 \leqslant N \leqslant +32767$。

1.3.2　补码的加法和减法运算

在计算机系统中采用补码表示带符号数的原因：① 用补码表示数据可以将符号位作为有效数位参与运算，根据运算结果的最高位可直接确定结果的符号；② 实现减法运算向加法运算的转化，从而降低运算器硬件电路设计和实现的难度，提高运算速度和可靠性。

1.3.2.1　补码加法运算

运算规则为：$[X]_补 + [Y]_补 = [X+Y]_补$，即补码之和等于和的补码。

【例 1.7】　机器字长为 8 位，X＝＋25D，Y＝＋32D，用补码加法规则求 X+Y。

$[X]_补 = 00011001B，[Y]_补 = 00100000B$

$[X+Y]_补 = [X]_补 + [Y]_补 = 00011001B + 00100000B = 00111001B$

$X+Y = +011001B = +57D$

1.3.2.2　补码减法运算

求补运算：对一个二进制数按位求反后在末位加 1 的运算称为求补运算。

减法运算规则为：$[X-Y]_补 = [X]_补 + [-Y]_补$，其中 $[-Y]_补$ 只要对 $[Y]_补$ 求补即可得到。

【例 1.8】　机器字长为 8 位，X＝＋32D，Y＝＋25D，用补码减法规则求 X-Y。

$[X]_补 = 00100000B，[Y]_补 = 00011001B，[-Y]_补 = 11100111B$

$[X-Y]_补 = [X]_补 + [-Y]_补 = 00011001B + 11100111B = 00000111B$

$X-Y = +0000111B = +7D$

1.3.3　无符号数

在某些情况下，如果要处理的数全是正数，那么再保留符号位就没有意义了。把最高有效位也当做数值处理，这种数称为无符号数。8 位无符号数表示的范围是 $0 \leqslant N \leqslant 255$，16 位无符号数表示范围是 $0 \leqslant N \leqslant 65\,535$，$n$ 位无符号数表示范围是 $0 \leqslant N \leqslant 2^n - 1$。

在计算机中最常用的无符号数是表示地址的数。此外，如双精度数的地位字也是无符号数等。在某些情况下，带符号数（在机器中用补码表示）与无符号数的处理是有差别的，读者在处理数时，应注意它们的区别。

1.3.4　字符表示法

计算机中处理的信息除数值以外，还包括字符，例如从键盘输入的信息或从打印机输出的信息都是以字符方式输入输出的。字符包括：

(1) 字母：A～Z，a～z；

(2) 数字：0～9；

(3) 专用字符：＋，－，＊，/，↑，SP(space 空格)，…

(4) 非打印字符：BELL(bell 响铃)，LF(line feed 换行)，CR(carriage return 回车)，…

由于计算机只识别 0 和 1，所以这些字符在计算机中必须以二进制编码的形式表示。一般计算机采用美国信息交换标准代码 ASCII(american standard code for information interchange)来表示。ASCII 码用一个字节(8 位二进制码)来表示一个字符，其中低 7 位为字符的 ASCII 值,最高位一般用做校验位。表1.2列出了用十六进制数表示的部分常用字符 ASCII 值。

表 1.2　　　　　　　　常用字符的 7 位 ASCII 值(用十六进制数表示)

字符	ASCII 值	字符	ASCII 值	字符	ASCII 值	字符	ASCII 值
NUL	00	4	34	M	4D	f	66
BEL	07	5	35	N	4E	g	67
LF	0A	6	36	O	4F	h	68
FF	0C	7	37	P	50	i	69
CR	0D	8	38	Q	51	j	6A
SP	20	9	39	R	52	k	6B
!	21	:	3A	S	53	l	6C
”	22	;	3B	T	54	m	6D
#	23	<	3C	U	55	n	6E
$	24	=	3D	V	56	o	6F
%	25	>	3E	W	57	p	70
&	26	?	3F	X	58	q	71
'	27	@	40	Y	59	r	72
(	28	A	41	Z	5A	s	73
)	29	B	42	[	5B	t	74
*	2A	C	43	\	5C	u	75
+	2B	D	44	]	5D	v	76
,	2C	E	45	↑	5E	w	77
—	2D	F	46	←	5F	x	78
.	2E	G	47	`	60	y	79
/	2F	H	48	a	61	z	7A
0	30	I	49	b	62	{	7B
1	31	J	4A	c	63	|	7C
2	32	K	4B	d	64	}	7D
3	33	L	4C	e	65	~	7E

习　　题

　　1.1　机器语言、汇编语言和高级语言各自有什么特点?汇编语言与机器语言和高级语言相比,有哪些优点?

　　1.2　解释汇编语言源程序、汇编程序及目标程序的概念。

　　1.3　将下列十进制数转换成二进制数和十六进制数。

　　　　A. 127　　　　B. 125.25　　　　C. 32767　　　　D. 4096

1.4　将下列二进制数转换成十六进制数和十进制数。

　　　A. 1011101　　　B. 10000000　　　C. 11111111　　　D. 101010101010

1.5　将下列十六进制数转换成二进制数和十进制数

　　　A. 5BH　　　　　B. FBH　　　　　C. 3456H　　　　　D. FFCCH

1.6　假设机器字长为 8 位,给出下列十六进制数的补码形式(用二进制表示)。

　　　A. −34　　　　　B. A5　　　　　C. 9B　　　　　D. −FE

1.7　下列各数均为十六进制数,用 8 位二进制补码计算下列各题,并用十六进制数表示其运算结果。

　　　A. (−56)+27　　　　　　　　B. 56+(−27)

　　　C. 56−(−27)　　　　　　　　D. −56−(−27)

1.8　写出下列十六进制数在被看做是补码表示带符号数或无符号数时的十进制数值。

　　　A. FE　　　　B. 2C　　　　C. D8　　　　D. 57

1.9　在 ASCII 表中,字符'0'~'9'与数值 0~9 之间的编码规律是什么? 大写字母与小写字母之间的编码规律是什么?

第2章 微型计算机组织

汇编语言是一种可以直接控制计算机硬件设备的计算机语言。掌握一些计算机的硬件资源知识是学习汇编语言的必要前提,因此在介绍汇编语言之前先介绍计算机硬件系统结构、寄存器和存储器组织。

2.1 基于微处理器的计算机系统构成

计算机系统包括硬件和软件两部分。硬件包括电路、插件板、机柜等;软件则是为了管理和维护计算机而编制的各种程序的总和。

2.1.1 硬件

微型计算机硬件系统主要由中央处理器(CPU)、存储器(Memory)和输入/输出设备(I/O设备)构成,用系统总线把它们连接在一起,如图2.1所示。

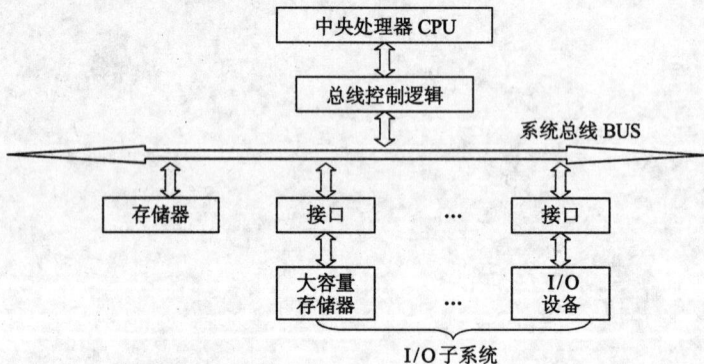

图 2.1 计算机结构

中央处理器包括运算器和控制器两部分,是计算机的核心。运算器执行所有的算术和逻辑运算指令;控制器则负责全机的控制工作,它负责从存储器中逐条取出指令,经译码分析后发出取数、执行、存数等控制操作,用来确保完成程序所要求的功能。

存储器是计算机的记忆部件,用来存放用户编写的程序以及程序中所用的数据、信息和中间结果。

I/O子系统一般包括I/O设备及大容量存储器两类外部设备。I/O设备包括输入设备和输出设备,负责计算机和外部世界的通信。CPU与外设通过I/O接口电路交换信息。输入设备如键盘、鼠标、扫描仪等,输出设备如显示器、绘图仪、打印机等。大容量存储器则指可存储大量信息的外部存储器,如磁盘、磁带、光盘等。

系统总线把 CPU、存储器和 I/O 设备连接起来,用来传送各部分之间的信息。系统总线包括数据总线、地址总线和控制总线。数据总线负责传送信息,地址总线指出信息的来源和目的地,控制总线则规定总线的动作。系统总线的工作由总线控制逻辑负责指挥。

2.1.2　软件

软件是计算机系统中必不可少的重要组成部分,它分为系统软件和应用软件两大类。

系统软件是用于对计算机进行资源管理、支持应用软件开发和维护、便于用户使用计算机的各种程序。它包括以下四类:① 操作系统;② 语言处理程序,如汇编程序、编译程序、解释程序等;③ 数据库管理系统;④ 各种服务性程序,如诊断程序、排错程序、练习程序等。其中,操作系统(operating system,OS)是最典型、最重要的系统软件,它负责管理计算机系统的全部软件资源和硬件资源,合理地组织计算机各部分协调工作,为用户提供操作和编程界面。

应用软件是计算机系统支持下的所有面对实际问题和具体用户群的应用程序的总称。如工程设计程序、数据处理程序、自动控制程序、企业管理程序、情报检索程序、科学计算程序等。随着计算机的广泛应用,这类程序的种类越来越多。

2.2　中央处理器

2.2.1　中央处理器 CPU 的组成

CPU 的任务是执行存放在存储器里的程序,除要完成算术和逻辑运算外,还要担负与存储器以及 I/O 子系统之间的数据传送任务。CPU 从功能上主要分为以下三个部分:

(1) 算术逻辑部件(arithmetic logic unit,ALU)——用来进行算术和逻辑运算。

(2) 控制逻辑——负责协调整个系统,包括从存储器取出指令,对指令进行译码分析,从存储器取出操作数,发出执行指令命令,把结果存入存储器,以及对总线及 I/O 的控制等。

(3) 寄存器组——用来存放程序中的各种信息,包括操作数、操作数地址、中间结果等。寄存器组在计算机中起着重要的作用,每一个寄存器相当于存储器中的一个存储单元,但它的存取速度比存储器要快得多。

2.2.2　寄存器结构

寄存器是 CPU 内部临时存放数据的部件。充分利用寄存器可以加快程序的执行速度。寄存器可以分为程序可见的寄存器和程序不可见的寄存器两大类。程序可见的寄存器是指在汇编语言程序设计中用到的寄存器,它们可以由指令来制定。程序不可见的寄存器是指一般应用程序设计中不用而由系统所用的寄存器。图 2.2 给出了 80X86 的寄存器组,其中阴影区只对 80386 以上微处理器有效,即只针对 32 位微处理器,阴影区以外的寄存器是 8086/8088 和 80286 所具有的寄存器,它们都是 8 位和 16 位寄存器。本书主要讨论 80286 之前的寄存器组。

2.2.2.1　数据寄存器

数据寄存器包括 AX、BX、CX、DX,可以作为 1 个 16 位寄存器使用,也可拆成 2 个 8 位寄存器使用。如 AX、BX、CX、DX 为 16 位寄存器,而 AH、AL、BH、BL、CH、CL、DH、DL 为 8 位寄存器。这 4 个数据寄存器除了作为一般数据寄存器用来暂时存放计算过程中所用到的操作数、结果或其他信息外,还有一些专门的用途。

AX/AL(accumulator):累加器,它们是算术运算的主要寄存器,在乘除指令中指定用来存放操作数。另外,所有的 I/O 指令都使用 AX 或 AL 与外部设备传送信息。

BX(base):基址寄存器,通常在计算存储器地址时,可作为基址寄存器使用。

CX(count):计数寄存器,在某些指令中(如移位指令、循环指令、串操作指令)用做隐含的计数器。

DX(data):数据寄存器,在双字运算中存放高位字,在 I/O 指令中存放 I/O 地址。

图 2.2 阴影区中 EAX、EBX、ECX 和 EDX 为 80386 及其后继机型中的 32 位寄存器。

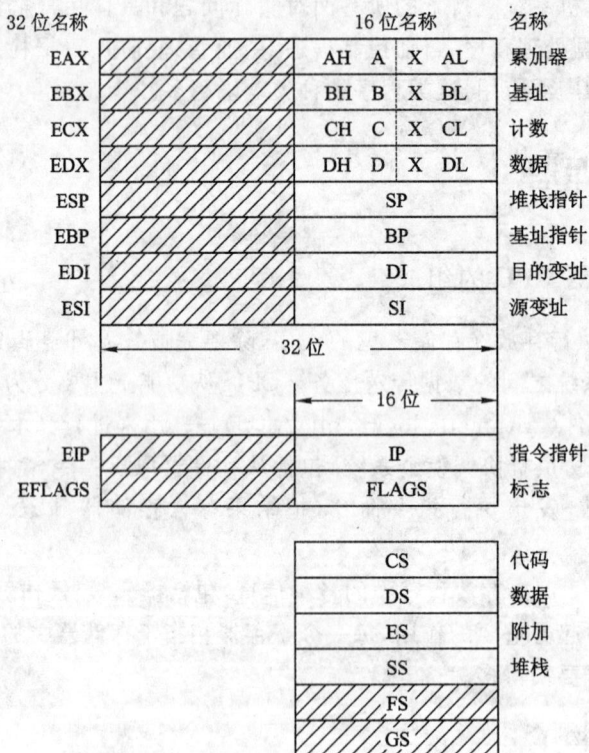

图 2.2　80X86 寄存器组

2.2.2.2　指针寄存器

指针寄存器包括 SP(stack pointer)和 BP(base pointer),都是 16 位寄存器,且只能以字(16 位)为单位使用。

SP:堆栈指针寄存器,用来指示堆栈栈顶的偏移地址,它与堆栈段寄存器 SS(stack segment)联用确定栈顶的物理地址。

BP:基址指针寄存器,一般与堆栈段寄存器 SS 联用来确定堆栈段中的某一存储单元的地址。

图 2.2 所示阴影区中 ESP 和 EBP 为 80386 及其后继机型中的 32 位寄存器。

2.2.2.3　变址寄存器

变址寄存器包括 SI(source index)和 DI(destination index),都是 16 位寄存器,且只能以字(16 位)为单位使用。

SI:源变址寄存器,一般与数据段寄存器 DS(data segment)联用来确定数据段中某一存储单元的地址。SI 有自动增量和自动减量的功能,在串处理指令中,SI 作为隐含的源变址寄存器与 DS 联用来确定数据段中的存储单元地址。

DI:目的变址寄存器,一般与数据段寄存器 DS 联用来确定数据段中某一存储单元的地址。DI 有自动增量和自动减量的功能,在串处理指令中,DI 作为隐含的目的变址寄存器与附加段寄存器 ES(extra segment)联用来确定附加段中的存储单元地址。

图 2.2 所示阴影区中 ESI 和 EDI 为 80386 及其后继机型中的 32 位寄存器。

2.2.2.4　指令指针寄存器和标志寄存器

指令指针寄存器 IP 和标志寄存器 FLAGS 都是 16 位寄存器,且只能以字(16 位)为单位使用。

IP(instruction pointer):指令指针寄存器,用来存放下一条要执行指令的偏移地址,它与代码段寄存器 CS(code segment register)联用以确定下一条指令的物理地址。在计算机中程序的执行顺序就是通过控制 IP 的值来实现的。

FLAGS:标志寄存器,又称程序状态字寄存器 PSW(program status word)。它由条件标志和控制标志组成,如下所示:

15	14	13	12	11	10	9	8	7	6	5	4	3	2	1	0
				OF	DF	IF	TF	SF	ZF		AF		PF		CF

(1) 条件标志。

条件标志用来记录程序中运行结果的状态信息,包含 6 个标志位,分别为 SF、ZF、CF、OF、AF 和 PF。

SF(sign flag):符号标志位,记录运算结果的符号。运算结果为负数时 SF=1,否则SF=0。

ZF(zero flag):零标志位,记录运算结果是否为 0。运算结果为 0 时 ZF=1,否则ZF=0。

CF(carry flag):进位标志位,记录运算时从最高有效位产生的进位值。最高有效位有进位时 CF=1,否则 CF=0。

OF(overflow flag):溢出标志位。若运算结果超出了机器所能表示的范围称为溢出,此时 OF=1,否则 OF=0。

AF(auxiliary carry flag):辅助进位标志位,是记录运算时第 3 位(半个字节)产生的进位值,有进位时 AF=1,否则 AF=0。

PF(parity flag):奇偶标志位,用来为机器中传送信息时可能产生的代码出错情况提供检验条件。当运算结果中有偶数个 1 时 PF=1,否则 PF=0。

(2) 控制标志。

控制标志包含 3 个标志位,分别为 DF、IF 和 TF。

DF(direction flag):方向标志位,在串处理指令中控制处理信息的方向。当 DF=1 时,则使变址寄存器 SI 和 DI 减小,使串处理从高地址向低地址方向处理;当 DF=0 时,则使 SI 和 DI 增大,使串处理从低地址向高地址方向处理。

IF(interrupt enable flag):中断允许标志位。当 IF=1 时,允许 CPU 响应外部可屏蔽中断;当 IF=0 时,不允许 CPU 响应外部可屏蔽中断。

TF(trap flag):陷阱标志位,常用于程序的调试。当 TF=1 时,CPU 进入单步指令工作方式,每执行一条指令就自动地发生一个陷阱中断,CPU 转去该陷阱中断处理程序;当 TF=0 时,CPU 正常执行程序。

在调试程序 DEBUG 中提供了测试这些标志位的手段,它用符号表示某些标志位的值。表 2.1 说明这些标志位的符号表示含义。

表 2.1　　标志位的符号表示含义

标志符号		标志名	标志位为 1(设置)	标志位为 0(清零)
条件标志	SF	数的符号(-/+)	NC	PL
	ZF	结果为零(Y/N)	ZR	NZ
	CF	最高位进位(Y/N)	CY	NC
	OF	溢出(Y/N)	OV	NV
	AF	辅助位进位(Y/N)	AC	NA
	PF	奇偶校验(偶/奇)	PE	PO
控制标志	DF	方向(串操作)	DN	UP
	IF	中断允许(Y/N)	EI	DI
	TF	跟踪(单步/连续)		

图 2.2 所示阴影区中 EIP 和 EFLAGS 为 80386 及其后继机型中的 32 位寄存器。

2.2.2.5　段寄存器

8086/8088 的 CPU 采用了存储器分段管理方法,使得 16 位机可以访问到 1 MB 的地址空间。在图 2.2 中,80X86 系列 CPU 的段寄存器有 CS、DS、ES、SS、FS 和 GS。这 6 个段寄存器都是 16 位的。80286 之前的 CPU 只有 4 个,分别是 CS、DS、SS 和 ES。每个段寄存器都有各自不同的用途。

CS(code segment):代码段寄存器,在程序设计中用来存放代码段的首地址。代码段是一个存储区,用来存放正在运行程序的代码。

DS(data segment):数据段寄存器,在程序设计中用来存放数据段的首地址。数据段是用来存放正在运行程序所用数据的存储区。

SS(stack segment):堆栈段寄存器,在程序设计中用来存放堆栈段的首地址。堆栈段是存储器中比较特殊的区域,它采用了一种堆栈的数据结构,访问时采用后进先出的方式。

ES(extra segment):附加段寄存器,在程序设计中用来存放附加段的首地址。附加段通常用于串操作指令中,用来存放目的串数据,也可作为一个辅助的数据存储区。

FS 和 GS 是对于 80386 以上 CPU 才允许访问的附加数据区。

2.3　存　储　器

2.3.1　存储单元的地址和内容

计算机存储信息的基本单位是一个二进制位,一位可存储一个二进制数 0 或 1。8 位二进制数组成一个字节,位编号如图 2.3(a) 所示。8086 和 80286 的字长为 16 位,一个字由两个字节组成,位编号如图 2.3(b) 所示。80386 到 Pentium Ⅱ 机的字长为 32 位,由两个字及 4 个字节组成,称为双字,位编号如图 2.3(c) 所示。此外,还有一种由 8 个字节即字长为 64 位组成的 4 字,位编号如图 2.3(d) 所示。

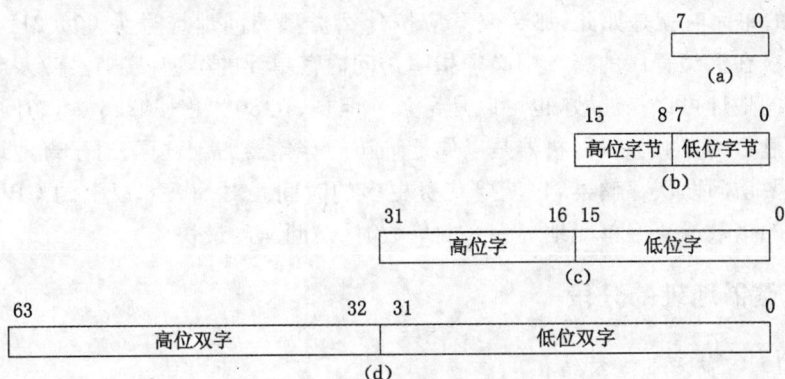

图 2.3　数据类型
(a) 字节;(b) 字;(c) 双字;(d) 4 字

存储器里以字节为单位存储器信息。为了正确地存放或获取信息,每一个字节单元给予一个唯一的存储器地址,称为物理地址。地址从 0 开始编号,顺序地依次加 1,物理地址呈线性增长。机器中,地址是用二进制数表示的,而且是无符号整数,书写格式通常为十六进制数。如 16 位二进制数可以表示 2^{16} 个字节单元的地址,地址范围为 0000H~FFFFH。

一个存储单元中存放的信息称为该存储单元的内容,存储器里存放信息的情况如图 2.4所示。可以看出,物理地址为 00002H 的字节单元里内容为 3AH,表示为 (00002H)=3AH。

图 2.4　存储单元的地址和内容

一个字存入存储器要占用相继的两个字节,存放时低字节存入低地址,高字节存入高地址。这两个相邻的字节单元就组成了一个字单元,该字单元的物理地址规定用低地址表示。如图 2.4 中物理地址为 00002H 的字单元里的内容是 4B3AH,表示为(00002H)=4B3AH。

一个双字存入存储器要占用相继的 4 个字节,存放时这 4 个字节以倒置的方式存入地址相邻的 4 个字节单元中,这四个相邻的字节单元就组成了一个双字单元,而且把最低字节的地址作为双字的物理地址。如图 2.4 中物理地址为 00002H 的双字单元的内容为 0FFFA4B3AH,即(00002H)=0FFFA4B3AH。

同理,一个 4 字单元由 8 个相邻的字节单元组成,且把最低字节的地址作为这个 4 字单元的地址。信息的存放方式和表示方法与上述类似。不难看出,同一个地址既可以作为字节单元的地址,又可以作为字或双字,甚至 4 字单元的地址。如上所述,当程序访问地址号为 00002H 的单元时就是如此,那么究竟应按什么类型访问地址号为 00002H 的存储单元呢? 这就要求在汇编程序的指令中必须指明访问内存单元的类型(字节/字/双字/4 字)。

字单元的地址可以是偶数,也可以是奇数。但是,在 8086 和 80286 中,访问存储器都是以字为单位进行的,也就是说,机器是以偶地址访问存储器的。这样,对于奇地址的字单元,取一个字需要访问两次存储器,也就要花费更多的时间。对 80386 以上的 CPU,当双字单元地址为 4 的倍数或 4 字单元地址为 8 的倍数时,访问速度最快。

2.3.2 存储器地址的分段

2.3.2.1 存储器的分段结构

8086/8088 的字长为 16 位,16 位字长的机器可以访问的最大存储单元空间为 64 KB,而 8086/8088 的地址总线宽度为 20 位,故其最大寻址空间为 2^{20}=1 MB。那么在 16 位字长的机器里如何提供 20 位地址? 解决的办法是采用存储器地址分段的方法。

存储器分段时,1 MB 的地址空间可划分为若干个段,段内空间是线性增长的。每个段的最大长度不超过 64 KB,这样段内地址可以用 16 位表示。另外,段不能起始于任意地址,而必须从任一小段的首地址开始。机器规定:从 0 地址开始,每 16 个字节为一小段,下面列出了存储器最低地址区的三个小段的地址空间,每行为一小段。

$$00000,00001,00002,\cdots,0000E,0000F$$
$$00010,00011,00012,\cdots,0001E,0001F$$
$$00020,00021,00022,\cdots,0002E,0002F$$
$$\vdots$$
$$FFFF0,FFFF1,FFFF2,\cdots,FFFFE,FFFFF$$

其中,第一列就是每个小段的首地址。其特征是:在十六进制表示的地址中,最低位为 0(即 20 位地址的低 4 位为 0)。在 1 MB 的地址空间里,共有 64 000 个小段首地址。

2.3.2.2 物理地址的形成

在 1 MB 的存储器里,每一个存储单元都有唯一的 20 位地址,称为该存储单元的物理地址。20 位的物理地址由 16 位的段地址和 16 位的段内偏移地址组成(段地址左移 4 位再加上偏移地址就形成物理地址),如图 2.5 所示,也可写成如下公式:

$$物理地址=段地址\times16D+偏移地址$$

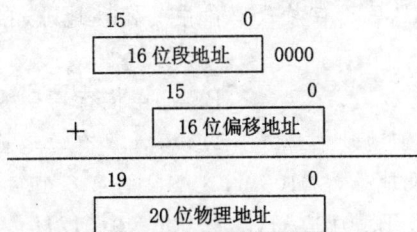

图 2.5 物理地址计算方法

其中,段地址又称段基地址,它是每一段的起始地址,且必须是小段的首地址,所以其第4 位(二进制表示)一定是 0,这样,就可以规定段地址只取段起始地址的高 16 位值。通常,程序设计中段地址根据段类型保存在相应段寄存器中。偏移地址则是指在段内相对于段起始地址的偏移值。

一般情况下,各段在存储器中的分配是由操作系统负责的,但是,也允许程序员用操作指令来指定所需占用的存储区。存储器各段的位置可以是连续相接的,可以是分离的,也可以是重叠的。

2.3.2.3 存储器地址的书写形式

存储器地址可用两种方法表示:

(1)物理地址(5 位无符号十六进制整数)。

(2)段地址:偏移地址。

例如 12345H,1234:0005H,CS:1230H,DS:0045H 都是合法的地址表示方式。

8086/8088、80286 的段寄存器与相应存放偏移地址的寄存器之间有一种默认的组合关系,如表 2.2 所示。

表 2.2   8086/8088、80286 的段寄存器与相应存放偏移地址的寄存器之间的默认组合

访问存储器的方式	默认段的寄存器	偏移地址
取指令	CS	IP
堆栈操作	SS	SP
一般数据访问(下行除外)	DS	BX、SI、DI
串操作的 S 源操作数	DS	SI
串操作的目的操作数	ES	DI
BP 作为基地址的寻址方式	SS	BP

习   题

2.1   在 8086/8088 系统中,存储器是分段组织的,每段最大字节的长度为 _____。

A. 8 KB   B. 64 KB   C. 1 MB   D. 不确定

2.2 指令指针寄存器 IP 用于存放代码段中的偏移地址,在程序执行过程中,它始终指向_____。

A. 偏移地址值　　　　　　　　　B. 正在执行指令的首地址

C. 下一条指令的首地址　　　　　D. 需计算有效地址后才能确定的地址

2.3 已知一数据段的段地址为 0100H,这个段的第 6 个字单元的物理地址是_____。

A. 01010H　　　　　B. 0100AH　　　　　C. 01012H　　　　　D. 01006H

2.4 8086 存储器为什么采用分段结构?是如何分段的?

2.5 有两个 16 位字 1FD8H 和 3BC5H 分别存放在存储器的 000A0H 和 000A3H 单元中,请用图表示出它们在存储器里的存放情况。

2.6 现有存储器中存放信息如图 2.6 所示。试读出 30042H 和 30044H 字节单元的内容,以及 30040H 和 30041H 字单元的内容。

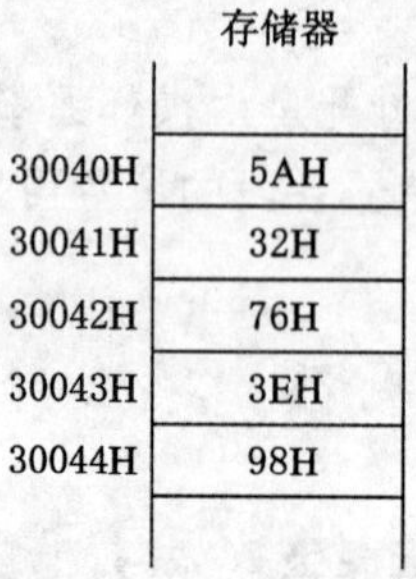

存储器

30040H	5AH
30041H	32H
30042H	76H
30043H	3EH
30044H	98H

图 2.6　存储器信息存放示意图

2.7 段地址和偏移地址为 1000H:127BH 的存储单元的物理地址是什么?

2.8 假设用以下寄存器组合来访问存储单元,试分别求出它们所访问单元的物理地址。

A. (DS)=1000H 和 (DI)=2000H　　　　B. (ES)=2000H 和 (SX)=1002H

C. (SS)=3000H 和 (BP)=3200H　　　　D. (DS)=4000H 和 (BX)=3A00H

第3章　寻址方式与指令系统

　　计算机是通过执行指令序列来解决实际问题的,因此每种计算机都有一组指令集供给用户使用,这组指令集就是计算机的指令系统。指令由操作码和操作数两部分组成。操作码指示计算机所要执行的操作,如运算、传送、跳转等,它是指令中不可缺少的组成部分;而操作数是指令执行的操作对象,它可以是操作数本身,也可以是操作数地址或地址的一部分,还可以是指向操作数地址的指针或其他有关操作数的信息。指令中可以没有操作数,也可以有1个、2个或3个操作数,分别称为零地址、一地址、二地址和三地址指令。

　　指令的一般格式:

操作码	操作数	……	操作数

　　每种指令的操作码用唯一的助记符来表示,该助记符一般采用描述指令功能的英文缩写,它对应着机器指令的一个二进制编码。操作数可以是一个确切的值,也可以是存放数据的寄存器或存储器地址。

3.1　寻　址　方　式

　　形成操作数或指令地址的方式称为寻址方式。寻址方式分为两类,即与转移地址有关的寻址方式和与数据有关的寻址方式。前者用来确定转移指令及子程序调用指令 CALL 的转向地址。与数据有关的寻址方式用来确定操作数地址,从而找到操作数。8086/80286 中与数据有关的寻址方式有 7 种,下面以 MOV 指令为例,通过对源操作数使用不同的寻址方式来介绍各种寻址方式的特点和用途。

　　MOV 指令的格式为:　　　　　　　　MOV　DST,SRC
其中,DST 为目的操作数,SRC 为源操作数。指令的功能是完成源操作数到目的操作数的数据传送。

3.1.1　立即寻址方式

　　操作数直接存放在指令中,紧跟在操作码之后,作为指令的一部分存放在代码段中,这种操作数称为立即数。立即数可以是 8 位或 16 位,如果是 16 位,则高位字节存放在高地址中,低位字节存放在低地址中。

　　【例 3.1】　MOV　AL,06H

　　则指令执行后,(AL)＝06H

　　【例 3.2】　MOV　AX,1234H

　　则指令执行后,(AX)＝1234H,可用图 3.1 表示。

　　注意　① 立即寻址方式用来表示常数,常用于给寄存器或存储单元赋初值。

② 立即寻址方式只能用于源操作数字段,不能用于目的操作数字段。

③ 源操作数长度应与目的操作数长度一致。

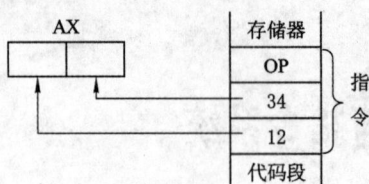

图 3.1　例 3.2 执行情况

3.1.2　寄存器寻址方式

操作数在寄存器中,指令中指定寄存器号,这类操作数的寻址方式称为寄存器寻址方式。由于操作数就在寄存器中,不需要访问存储器来取得操作数,故具有较高的运算速度。对于 8 位操作数,寄存器可以是 AL、AH、BL、BH、CL、CH、DL 和 DH;对于 16 位操作数,寄存器可以是 AX、BX、CX、DX、SP、BP、SI 和 DI。

【例 3.3】　MOV　AX,BX

指令执行前:　　　　　　(AX)=3064H,(BX)=1234H

指令执行后:　　　　　　(AX)=1234H,(BX)=1234H

除上述两种寻址方式外,以下各种寻址方式的操作数都在除代码段以外的存储区中。通过不同的寻址方式求得操作数地址,从而取得操作数。从第 2 章已经知道,操作数地址是由段地址和偏移地址相加而得到。段地址在默认的或用段超越前缀指定的段寄存器中;操作数的偏移地址又称为有效地址 EA(effective address)。8086/8088 中,有效地址可以由以下 3 种成分组成:

① 位移量(displacement):它是存放在指令中的一个 8 位或 16 位的数,但它不是立即数,而是一个地址。

② 基址(base):它是存放在基址寄存器中的内容。它是有效地址的基址部分,通常用来指向数据段中的数组或字符串的首地址。基址寄存器只能是 BX 或 BP。

③ 变址(index):它是存放在变址寄存器中的内容。它通常用来访问数组中的某个元素或字符串中的某个字符。变址寄存器只能是 SI 或 DI。

有效地址的计算方式:　　　EA=基址+变址+位移量

表 3.1 说明了各种访存类型下所对应的段的默认选择。实际上,在某些情况下允许程序员用段跨越前缀来改变系统所指定的默认段。如允许数据存放在 DS 段以外的其他段中,此时程序中应使用段超越前缀。

表 3.1　　　　　　　　　　　　默认段选择规则

访存类型	所用段及段寄存器		缺省选择规则
指令	代码段	CS 寄存器	用于取指令
堆栈	堆栈段	SS 寄存器	堆栈的进栈和出栈
局部数据	数据段	DS 寄存器	除相对于堆栈以及串处理指令的目的串以外的所有数据访问
目的串	附加段	ES 寄存器	串处理指令的目的串

3.1.3　直接寻址方式

操作数的有效地址只包含位移量一种成分,其值就存放在代码段中指令的操作码之后,这种寻址方式称为直接寻址。位移量的值即是操作数的有效地址。

一般情况下,操作数默认存放在数据段中,此时,其物理地址由数据段寄存器 DS 的值和指令中给出的有效地址直接形成。但如果有段超越前缀,则由指定段寄存器的值作为段地址来计算物理地址。

【例 3.4】　MOV　AX,[2000H]

指令执行前:(DS)=3000H,(32000H)=3050H

指令执行后:(AX)=3050H

指令执行情况如图 3.2 所示。

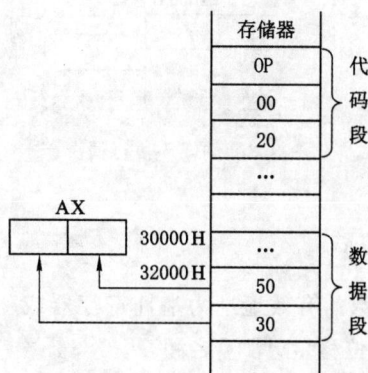

图 3.2　例 3.4 执行情况

注意　① 直接寻址方式与立即寻址方式书写格式不同,直接寻址方式的地址要写在方括号内。如:

MOV　AX,1234H　　　　　　　　　　;立即数寻址

MOV　AX,[1234H]　　　　　　　　　;直接寻址

② 在汇编语言中,可以用符号地址代替数值地址,如:

MOV　AX,VALUE　　　　　　　　　　;VALUE 为存放操作数单元的符号地址

还可以写成下列等价形式:

MOV　AX,[VALUE]

③ 直接寻址方式可以使用段超越,如:

MOV　AX,ES:VALUE　或　MOV　AX,ES:[VALUE]

3.1.4　寄存器间接寻址方式

操作数的有效地址存于基址寄存器 BX、BP 或变址寄存器 SI、DI 中,而操作数则存于存储器中,这种操作数的寻址方式称为寄存器间接寻址。

在这种寻址方式下,当指定的寄存器为 BX、SI 或 DI 时,操作数默认存于数据段中,即由数据段寄存器 DS 提供段地址,操作数的物理地址按下式计算:

$$物理地址=(DS)\times16D+(BX)或(SI)或(DI)$$

当指定的寄存器为 BP 时,操作数默认存于堆栈段中,即由堆栈段寄存器 SS 提供段地址,此时,操作数的物理地址按下式计算:

$$物理地址＝(SS)×16D＋(BP)$$

【例 3.5】 MOV AX,[BX]

指令执行前:(DS)＝2000H,(BX)＝1000H,(21000H)＝50A0H

源操作数物理地址＝20000H＋1000H＝21000H

指令执行后:(AX)＝50A0H,执行情况如图 3.3 所示。

如果指令中指定了段超越前缀,则物理地址根据指定的段寄存器来计算,从而可取得其他段的操作数。如:MOV AX,ES:[BX]

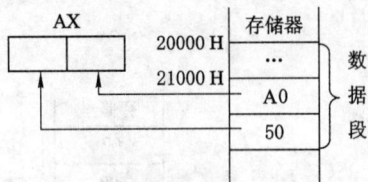

图 3.3 例 3.5 执行情况

3.1.5 寄存器相对寻址方式

在这种寻址方式下,操作数的有效地址为基址寄存器或变址寄存器的内容与指令中指定的 8 位位移量(D8)或 16 位位移量(D16)之和。

如果指令中指定的寄存器是 BX、SI 或 DI,则默认由段寄存器 DS 提供段地址,操作数的物理地址按下式计算:

$$物理地址＝(DS)×16D＋(BX)或(SI)或(DI)＋D8 或 D16$$

如果指令中指定的寄存器是 BP,则默认由段寄存器 SS 提供段地址,操作数的物理地址按下式计算:

$$物理地址＝(SS)×16D＋(BP)＋D8 或 D16$$

【例 3.6】 MOV AX,COUNT[SI]

(也可表示为 MOV AX,[COUNT＋SI])

其中,COUNT 为 16 位位移量的符号地址。

指令执行前:(DS)＝3000H,(SI)＝2000H,COUNT＝3000H,(35000H)＝3050H

源操作数物理地址＝30000H＋2000H＋3000H＝35000H

指令执行后:(AX)＝3050H,执行情况如图 3.4 所示。

指令中也可指定段超越前缀来取得其他段中的数据,如:MOV AX,ES:STRING[DI]

3.1.6 基址变址寻址方式

在这种寻址方式下,操作数的有效地址为一个基址寄存器和一个变址寄存器的内容之和。

如果指令中指定的基址寄存器是 BX,则默认由段寄存器 DS 提供段地址,操作数的物理地址按下式计算:

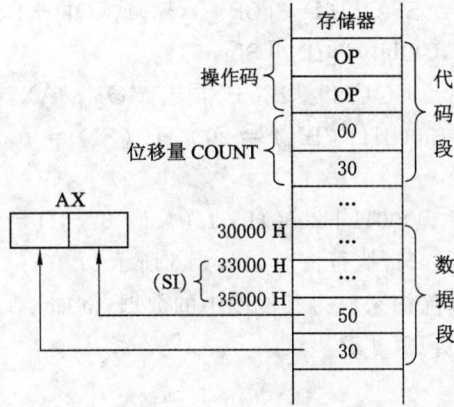

图 3.4　例 3.6 执行情况

$$物理地址＝(DS)×16D＋(BX)＋(SI)或(DI)$$

如果指令中指定的基址寄存器是 BP,则默认由段寄存器 SS 提供段地址,操作数的物理地址按下式计算:

$$物理地址＝(SS)×16D＋(BP)＋(SI)或(DI)$$

【例 3.7】　MOV　AX,[BX][DI]

(也可表示为 MOV　AX,[BX＋DI])

指令执行前:(DS)＝2100H,(BX)＝0158H,(DI)＝10A5H,(221FDH)＝1234H

源操作数的物理地址＝21000H＋0518H＋10A5H＝221FDH

指令执行后:(AX)＝1234H,执行情况如图 3.5 所示。

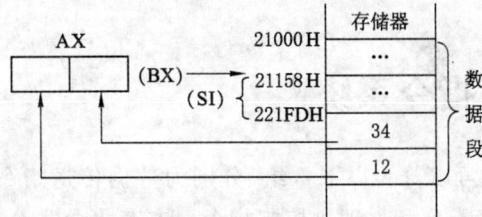

图 3.5　例 3.7 执行情况

指令中也可指定段超越前缀来取得其他段中的数据,如:MOV　AX,ES:[BX][SI]

3.1.7　相对基址变址寻址方式

在这种寻址方式下,操作数的有效地址为一个基址寄存器和一个变址寄存器的内容和指令中指定的 8 位或 16 位位移量之和。

如果指令中指定的基址寄存器是 BX,则默认由段寄存器 DS 提供段地址,操作数的物理地址按下式计算:

$$物理地址＝(DS)×16D＋(BX)＋(SI)或(DI)＋D8 或 D16$$

如果指令中指定的基址寄存器是 BP,则默认由段寄存器 SS 提供段地址,操作数的物理地址按下式计算:

物理地址＝(SS)×16D＋(BP)＋(SI)或(DI)＋D8 或 D16

【例 3.8】 MOV AX,COUNT[BX][SI]

(也可表示为 MOV AX,COUNT [BX+SI]或 MOV AX,[COUNT+BX+SI])

指令执行前：(DS)＝3000H,(BX)＝2000H,(SI)＝1000H,COUNT＝0250H, (33250H)＝1234H

源操作数的物理地址＝30000H＋2000H＋1000H＋0250H ＝33250H

指令执行后：(AX)＝1234H,执行情况如图 3.6 所示。

指令中也可指定段超越前缀来取得其他段中的数据,例如：

MOV AX,ES:MASK[BX][SI]

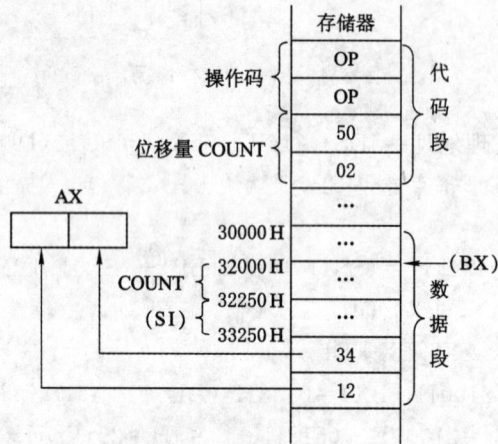

图 3.6 例 3.8 执行情况

3.2 8086/8088 指令系统

8086/8088 指令系统可以分为以下六组,分别为数据传送指令、算术运算指令、逻辑指令、串处理指令、控制转移指令和处理机控制指令。本节将分类介绍指令系统的指令,其中控制转移类指令将在后续章节中结合相关内容介绍。

3.2.1 数据传送指令

数据传送指令负责把数据、地址或立即数传送到寄存器或存储单元。它可以分为五种,分别作如下说明。

3.2.1.1 通用数据传送指令

(1) MOV 传送指令

指令格式：MOV DST,SRC

其中,DST 表示目的操作数,SRC 表示源操作数。

执行操作：(DST)←(SRC)

指令功能：实现 CPU 与存储器或 CPU 内部寄存器之间的数据传送。

【例 3.9】　MOV　AL,′E′

指令执行后,字符 E 的 ASCII 码值送入 AL 寄存器。

MOV 指令的操作数形式有以下几种:

① MOV　mem/reg1,reg2

② MOV　reg1,mem/reg2

③ MOV　mem/reg,data

④ MOV　segreg,mem/reg

⑤ MOV　mem/reg,segreg

其中,mem 表示存储器单元,reg 表示寄存器,segreg 表示段寄存器,data 表示立即数。

MOV 指令的注意点:

① 不允许两个操作数都使用存储器,除了源操作数为立即数的情况外,两个操作数中必须有一个是寄存器寻址方式;

② 目的操作数 DST 不允许是立即数或 CS 段寄存器。

(2) PUSH 进栈指令

指令格式:PUSH　SRC

执行操作:(SP)←(SP)−2

　　　　　((SP)+1,(SP))←(SRC)

指令功能:将源操作数指定的字数据压入堆栈栈顶。

指令的操作数形式:PUSH　reg/segreg/mem

【例 3.10】　PUSH　AX

指令执行前:(AX)=1234H

指令执行情况如图 3.7 所示。

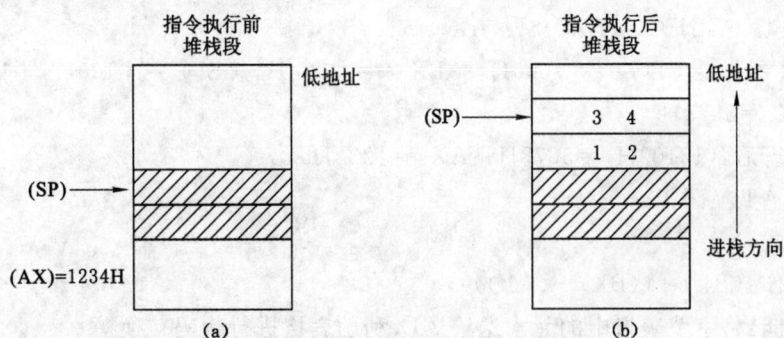

图 3.7　例 3.10 执行情况

(3) POP 出栈指令

指令格式:POP　DST

执行操作:(DST)←((SP)+1,(SP))

　　　　　(SP)←(SP)+2

指令功能:将堆栈栈顶一个字数据出栈,送到目的操作数指定存储单元或寄存器中。

指令的操作数形式:POP　reg/segreg/mem

POP 指令注意点:段寄存器 segreg 不能是 CS。

【例 3.11】 POP BX

指令执行情况如图 3.8 所示。

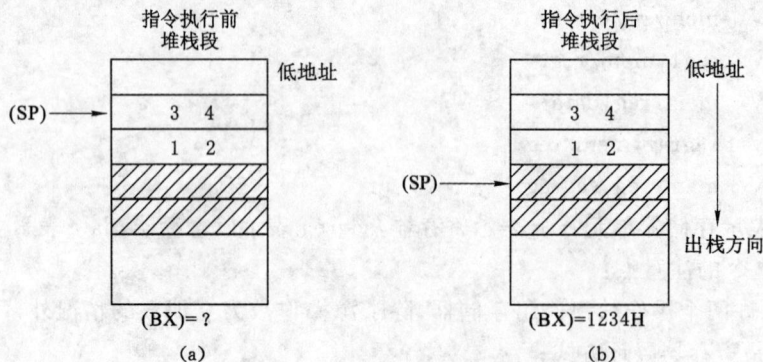

图 3.8 例 3.11 执行情况

(4) XCHG 交换指令

指令格式:XCHG OPR1,OPR2

执行操作:(OPR1)↔(OPR2)

指令功能:将两个操作数互换。

指令的操作数形式:XCHG reg/mem,reg/mem

XCHG 指令的注意点:

① 两个操作数至少有一个是寄存器寻址方式;

② 任意一个操作数都不可以是立即数。

【例 3.12】 XCHG [BX+SI],AX

指令执行前:(DS)＝1000H,(BX)＝2000H,(SI)＝0100H,(12100H)＝1234H,(AX)＝5678H

指令执行后:(12100H)＝5678H,(AX)＝1234H

(5) XLAT 换码指令

指令格式:XLAT

执行操作:(AL)←((BX)＋(AL))

指令功能:将字节表格中的元素送给 AL,利用表格进行代码转换。

【例 3.13】 XLAT 指令执行前:(DS)＝2000H,(BX)＝1000H,(AL)＝0BH

指令执行后:(AL)＝0FFH,执行情况如图 3.9 所示。

一般地,XLAT 指令用于把字符的扫描码转换成 ASCII 码,或者把数字 0～9 转换成 7 段数码管所需要的相应代码等。

通用数据传送类指令不影响标志位的值。

3.2.1.2 地址传送指令

本组指令均不影响标志位的值。

(1) LEA 有效地址送寄存器指令

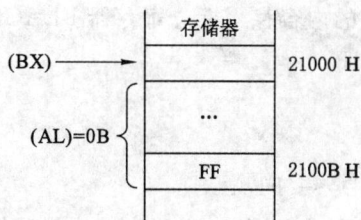

图 3.9　例 3.13 执行情况

指令格式:LEA　REG,SRC

执行操作:(REG)←SRC 的偏移地址

指令功能:将源操作数 SRC 的偏移地址(即有效地址)送给指定的寄存器。

指令的操作数形式:LEA　reg,mem

【例 3.14】　LEA　AX,[BX+1000H]

指令执行前:(DS)=3000H,(BX)=2000H,(33000H)=1234H

源操作数的有效地址 EA=2000H+1000H=3000H

指令执行后:(AX)=3000H

注意　(AX)是存储单元的有效地址,不是存储单元中的内容。

(2) LDS、LES 和 LSS 指针送寄存器和段寄存器指令

以 LDS 指令为例介绍这 3 条指令,LES 和 LSS 指令与 LDS 在功能上相同,仅指定的段寄存器不同。

指令格式:LDS　REG,SRC

执行操作:(REG)←(SRC)

　　　　　(DS)←(SRC+2)

指令功能:将源操作数 SRC 指定的相继两个子单元的内容分别送指定寄存器 REG 和段寄存器 DS。

指令的操作数形式:LDS　reg,mem

【例 3.15】　LDS　SI,[BX+0300H]

指令执行前:(DS)=1000H,(SI)=2000H,(BX)=0100H,(10400H)=1234H,

(10402H)=5678H

指令执行后:(SI)=1234H,(DS)=5678H

3.2.1.3　标志寄存器传送指令

这类指令通常用于实现标志寄存器 FLAGS 内容的保存与恢复。

(1) 标志送 AH 指令 LAHF

指令格式:LAHF

执行操作:(AH)←(FLAGS 的低字节)

指令功能:将标志寄存器 FLAGS 的低字节送入寄存器 AH。

(2) AH 送标志寄存器指令 SAHF

指令格式:SAHF

执行操作:(FLAGS 的低字节)←(AH)

指令功能:将寄存器 AH 的内容存入标志寄存器 FLAGS 的低字节。

(3) 标志进栈指令 PUSHF

指令格式:PUSHF

执行操作:(SP)←(SP)-2

((SP)+1,(SP))←(FLAGS)

指令功能:将标志寄存器 FLAGS 的内容压入堆栈栈顶保存。

(4) 标志出栈指令 POPF

指令格式:POPF

执行操作:(FLAGS)←((SP)+1,(SP))

(SP)←(SP)+2

指令功能:将堆栈栈顶字单元的内容出栈送入标志寄存器 FLAGS。

LAHF 和 PUSHF 指令不影响标志位的值,SAHF 和 POPF 指令影响标志位的值。

3.2.1.4 类型转换指令

本组指令均不影响标志位。

(1) CBW 字节转换(为单字指令)

指令格式:CBW

执行操作:将 AL 的内容符合扩展到 AH,形成 AX 中的字。如果(AL)的最高有效位为 0,则(AH)=00H;如果(AL)的最高有效位为 1,则(AH)=0FFH。

(2) CWD 字转换(为双字指令)

指令格式:CWD

执行操作:将 AX 的内容符合扩展到 DX,形成 DX:AX 中的双字。如果(AX)的最高有效位为 0,则(DX)=0000H;如果(AX)的最高有效位为 1,则(DX)=0FFFFH。

3.2.1.5 输入/输出指令

计算机用户是通过外部设备与计算机进行信息交换的。用户使用输入设备把程序和数据输入计算机,程序运行的结果又通过输出设备输出给用户,因此,输入/输出设备是计算机的重要组成部分之一。此外,大容量的外存储器(如磁盘、光盘)能存储大量信息,也是计算机不可缺少的一部分。如 2.1 节所述,外部设备是通过外设接口与主机(CPU和存储器)进行通信的,每个外设接口包括一组寄存器。一般来说,这些寄存器有三种不同的用途。

① 数据寄存器,用来存放主机与外设间传送的数据,起到缓冲器的作用。

② 状态寄存器,用来存放外设的状态信息,以便 CPU 通过测试外设的状态来了解外设的当前工作情况,决定下一步对外设的操作。例如,每个设备都由忙闲位来标识设备当前是否正在工作,是否有空接受 CPU 给予的新任务等。

③ 命令寄存器,用来存放 CPU 发送给外设的控制命令,例如 CPU 发送给磁盘的启动命令等。

各种外设都有以上三种类型的寄存器,只是每个接口所配备的寄存器数目不同。例如,工作方式比较简单、速度慢的磁盘只有一个 8 位的数据寄存器,而状态和命令寄存器合并为一个控制寄存器。又如,工作速度快、工作方式比较复杂的磁盘则需要多个数据、状态和命令寄存器。

　　为使主机方便访问外设，给予外设中每个寄存器一个端口地址（又称端口号），这样，所有外设的端口地址就组成了一个独立于内存储器的 I/O 地址空间。80X86 机的 I/O 地址空间可达 64 KB，所以端口地址的范围是 0000H～FFFFH，用 16 位二进制代码来表示。端口可以是 8 位或 16 位的，386 及其后继机型还可以有 32 位端口，但整个 I/O 空间不允许超过 64 KB。

　　主机与外设交换信息是通过输入/输出指令来完成的，下面讨论输入/输出指令。

　　(1) IN 输入指令

　　IN 指令完成从 I/O 设备到 CPU 的信息传送。它有长格式和短格式两种。

　　① 长格式 IN 指令。

　　指令格式：IN　　AL,PORT(字节)

　　　　　　　IN　　AX,PORT(字)

其中，PORT 是 8 位的端口地址(即 00H～FFH 范围)。

　　执行操作：(AL)←(PORT)(字节)

　　　　　　　(AX)←(PORT)(字)

　　② 短格式 IN 指令。

　　指令格式：IN　　AL,DX(字节)

　　　　　　　IN　　AX,DX(字)

其中，(DX)是端口地址，范围为 0000H～FFFFH。

　　执行操作：(AL)←((DX))(字节)

　　　　　　　(AX)←((DX))(字)

　　【例 3.16】　IN　　　AL,12H

　　　　　　　　MOV　　DATA_BYTE,AL

这两条指令把端口 12H 中的字节数据传送到存储器数据段中 DATA_BYTE 单元中。

　　【例 3.17】　IN　　　AX,78H

　　　　　　　　MOV　　DATA_WORD,AX

这两条指令把端口 78H 中的字数据传送到存储器数据段中 DATA_WORD 单元中。

　　(2) OUT 输出指令

　　OUT 指令完成从 CPU 到 I/O 设备的信息传送。它也有长格式和短格式两种。

　　① 长格式 OUT 指令。

　　指令格式：OUT　PORT,AL(字节)

　　　　　　　OUT　PORT,AX(字)

其中，PORT 是 8 位的端口地址(即 00H～FFH 范围)。

　　执行操作：(PORT)←(AL)(字节)

　　　　　　　(PORT)←(AX)(字)

　　② 短格式 OUT 指令。

　　指令格式：OUT　DX,AL(字节)

　　　　　　　OUT　DX,AX(字)

其中，(DX)是端口地址，范围为 0000H～FFFFH。

执行操作：((DX))←(AL)(字节)

((DX))←(AX)(字)

【例 3.18】 MOV AL,VAR1

OUT 5,AL

这两条指令把存储器数据段中 VAR1 字节单元中数据传送到端口 5 中。

【例 3.19】 MOV AX,VAR2

MOV DX,1000H

OUT DX,AX

这三条指令把存储器数据段中 VAR2 字单元中数据传送到端口 1000H 中。

3.2.2 算术运算指令

算术运算指令主要包括加、减、乘、除 4 种基本运算指令。它们中有单操作数指令,也有双操作数指令。对于单操作数指令,操作数可采用除立即寻址方式以外的任一寻址方式。对于双操作数指令,如果源操作数是立即数,目的操作数可以是立即寻址以外的任一寻址方式;如果源操作数不是立即数,则两个操作数至少有一个是寄存器寻址方式。

3.2.2.1 加法指令

加法指令包括 ADD、ADC 和 INC 三条指令。

(1) ADD 加法指令

指令格式：ADD DST,SRC

执行操作：(DST)←(DST)+(SRC)

指令的操作数形式：

① ADD reg1/mem,reg2

② ADD reg1,reg2/mem

③ ADD reg/mem,data

标志位：影响全部条件标志位 CF、OF、SF、ZF、AF 和 PF。通常,6 个条件标志位中,CF、OF、SF 和 ZF 最为重要,所以,本节只讨论这 4 个标志位的设置情况。在执行加法指令时,对 SF 和 ZF 的设置比较简单,第 2 章中已经说明;CF 根据最高有效位是否向高位产生进位来设置,有进位时,CF=1,否则 CF=0;两个同号数相加时,如果运算结果的符号与之相反,则 OF=1,其他情况 OF=0。

须注意的是,OF 可以用来表示带符号数的溢出,而 CF 则可用来表示无符号数的溢出,溢出则运算结果不正确。下面以 8 位二进制数为例分析一下数的溢出情况。

① 带符号数和无符号数均不溢出。

二进制加法	无符号数	带符号数
0000 0011	3	＋3
＋0000 1001	＋9	＋（＋9）
0000 1100	12	＋12
	CF=0	OF=0

② 无符号数溢出。

二进制加法	无符号数	带符号数
0000 0001	1	+ 1
+1111 1111	+ 255	+ (− 1)
0000 0000	256	0
1	CF=1	OF=0

③ 带符号数溢出。

二进制加法	无符号数	带符号数
0100 0001	65	+ 65
+0100 0000	+ 64	+ (+ 64)
1001 0101	129	+107
	CF=0	OF=1

④ 带符号数和无符号数均溢出。

二进制加法	无符号数	带符号数
1000 0000	128	− 128
+1000 0001	+ 129	+ (− 127)
0000 0001	257	− 255
1	CF=1	OF=1

（2）ADC 带进位加法指令

指令格式：ADC　DST,SRC

执行操作：(DST)←(DST)＋(SRC)＋CF

其中,CF 为当前进位标志位的值。

指令的操作数形式及对标志位值的影响同 ADD 指令。

（3）INC 加 1 指令

指令格式：INC　OPR

执行操作：(OPR)←(OPR)＋1

指令的操作数形式：INC　reg/mem

标志位：影响除 CF 以外的条件标志位,影响情况与 ADD 指令相同。

【例 3.20】　ADD　AX,62A0H

指令执行前：(AX)=4321H

4 3 2 1	⇒	0100 0011	0010	0001
+ 6 2 A 0		+ 0110 0010	1010	0000
		1010 0101	1100	0001

指令执行后：(AX)=A5C1H,SF=1,ZF=0,CF=0,OF=1,结果错误。

【例 3.21】　用 ADD、ADC 指令实现两个双精度数的加法运算。

指令序列为：ADD　AX,CX

　　　　　　ADC　DX,BX

指令执行前:(DX)=0007H,(AX)=0F360H,(BX)=0009H,(CX)=0E020H

执行第1条指令 ADD 后:(AX)=0D389H,SF=1,ZF=0,CF=1,OF=0

执行第2条指令 ADC 后:(DX)=0011H,SF=0,ZF=0,CF=0,OF=0

因此,指令序列执行后结果:(DX)=0011H,(AX)=0D389H,结果正确。

3.2.2.2 减法指令

减法指令包括 SUB、SBB、DEC、NEG 和 CMP 五条指令。

(1) SUB 减法指令

指令格式:SUB　DST,SRC

执行操作:(DST)←(DST)−(SRC)

指令的操作数形式:

① SUB　reg1/mem,reg2

② SUB　reg1,reg2/mem

③ SUB　reg/mem,data

标志位:影响全部条件标志位。在执行减法指令时,若被减数的最高有效位向高位有借位,则 CF=1,否则 CF=0;若被减数与减数符号相反,而结果的符号与减数相同,则 OF=1,其他情况 OF=0。OF 用来表示带符号数相减是是否产生溢出,而 CF 则表示了无符号数相减时是否产生溢出,溢出则运算结果不正确。在补码表数的机器中,减法运算是由加法来实现的,所以,CF 还可以通过相加时最高有效位向高位的进位值来设置,有进位 CF=0,无进位 CF=1。

(2) SBB 带借位的减法指令

指令格式:SBB　DST,SRC

执行操作:(DST)←(DST)−(SRC)−CF

指令的操作数形式及对标志位值的影响同 SUB 指令。

(3) DEC 减1指令

指令格式:DEC　OPR

执行操作:(OPR)←(OPR)−1

指令的操作数形式:DEC　reg/mem

标志位:影响除 CF 以外的条件标志位,影响情况与 SUB 指令相同。

(4) NEG 求补指令

指令格式:NEG　OPR

执行操作:(OPR)←−(OPR)

即对操作数 OPR 作求补运算,执行的操作也可表示为:

$$(OPR)←0FFH−(OPR)+1(字节操作)$$

或　　　　　　　　$$(OPR)←0FFFFH−(OPR)+1(字操作)$$

指令的操作数形式:NEG　reg/mem

标志位:执行求补指令时,若操作数为0,则 CF=0,其他情况 CF=1;若字节运算时操作数为−128,或字运算时操作数为−32768,则 OF=1,其他情况 OF=0。

(5) CMP 比较指令

指令格式:SUB　OPR1,OPR2

执行操作：(OPR1)－(OPR2)

指令功能：该指令与 SUB 指令一样执行减法操作，但不保存结果。CMP 指令后通常跟一条条件转移指令，实现分支程序设计。

指令的操作数形式及对标志位值的影响同 SUB 指令。

【例 3.22】　SUB　[DI],1234H

指令执行前：(DS)＝1000H,(DI)＝2000H,(12000H)＝5678H

```
  5 6 7 8              0101  0110  0111  1000
－ 1 2 3 4      ⟹    － 0001  0010  0011  0100
─────────            ─────────────────────────
                              ⇓

                      0101  0110  0111  1000
                    ＋ 1110  1101  1100  1100
                    ─────────────────────────
                      0100  0100  0100  0100
                  1
```

指令执行后：(12000H)＝4444H,SF＝0,ZF＝0,CF＝0,OF＝0,结果正确。

【例 3.23】　用 SUB 和 SBB 指令实现两个双精度数的减法运算。

指令序列为：SUB　AX,CX

　　　　　　SBB　DX,BX

指令执行前：(DX)＝5678H,(AX)＝1234H,(BX)＝120EH,(CX)＝0D673H

执行第 1 条指令 SUB 后：(AX)＝3BC1H,SF＝0,ZF＝0,CF＝1,OF＝0

执行第 2 条指令 SBB 后：(DX)＝4469H,SF＝0,ZF＝0,CF＝0,OF＝0

因此,指令序列执行后结果：(DX)＝4469H,(AX)＝3BC1H,结果正确。

3.2.2.3　乘法指令

乘法指令包括 MUL 和 IMUL 两条指令。

(1) MUL 无符号数乘法指令

指令格式：MUL　SRC

执行操作：字节操作　(AX)←(AL)＊SRC

　　　　　字操作　　(DX,AX)←(AX)＊SRC

指令的操作数形式：MUL　reg/mem

标志位：只影响 CF 和 OF,其他标志位无定义。执行 MUL 指令时,若乘积的高一半[字节操作的(AH)或字操作的(DX)]为 0,则 CF 和 OF 均为 0,否则均为 1。借助 CF 和 OF 标志位的值,可以检查字节操作的结果是字节还是字,字操作的结果是字还是双字。

(2) IMUL 带符号数乘法指令

指令格式：IMUL　SRC

执行操作：与 MUL 指令相同,但必须是带符号数。

指令的操作数形式：IMUL　reg/mem

标志位：只影响 CF 和 OF,其他标志位无定义。执行 IMUL 指令时,若乘积的高一半

[即字节操作的(AH)或字操作的(DX)]是低一半[即字节操作的(AL)或字操作的(AX)]的符号扩展,则 CF 和 OF 均为 0,否则均为 1。

【例 3.24】 比较下列两条指令执行结果:

MUL   BH

IMUL   BH

指令执行前:(AL)=A3H,看成无符号数时为 163D,看成带符号数时为-93D;

（BH)=14H,看成无符号数时为 20D,看成带符号数时为+20D;

执行 MUL 指令的结果为:(AX)=0CBCH=3260D,CF=OF=1

执行 IMUL 指令的结果为:(AX)=0F8DCH=-1860D,CF=OF=1

3.2.2.4 除法指令

除法指令包括 DIV 和 IDIV 两条指令。

(1) DIV 无符号数除法指令

指令格式:DIV   SRC

执行操作:字节操作   (AL)←(AX)/(SRC)的商;

(AH)←(AX)/(SRC)的余数;

字操作   (AX)←(DX,AX)/(SRC)的商;

(DX)←(DX,AX)/(SRC)的余数。

指令的操作数形式:DIV   reg/mem

标志位:对所有条件标志位均无定义。

(2) IDIV 带符号数除法指令

指令格式:IDIV   SRC

执行操作:与 DIV 指令相同,但必须是带符号数。

指令的操作数形式:IDIV   reg/mem

标志位:对所有条件标志位均无定义。

【例 3.25】 比较下列两条指令执行结果:

DIV   BH

IDIV   BH

指令执行前:(AX)=0400H,看成无符号数时为 1024D,看成带符号数时为+1024D;

（BH)=0B4H,看成无符号数时为 180D,看成带符号数时为-76D;

执行 DIV 指令的结果为:(AH)=7CH=124D,(AL)=05H=5D

执行 IDIV 指令的结果为:(AH)=24H=36D,(AL)=0F3H=-13D

【例 3.26】 算术运算综合举例,计算(X-120+Y * Z)/X。

其中 X、Y 和 Z 均为 16 位带符号数,已分别装入 X、Y 和 Z 单元中,要求上式计算结果的商存入 AX,余数存入 DX。程序段如下:

```
MOV     AX,Y
IMUL    Z                    ;Y 与 Z 相乘,乘积送入 DX,AX 中
MOV     CX,AX
MOV     BX,DX                ;保存乘积到 BX,CX 中
MOV     AX,X
```

```
CWD                          ;将 X 符号扩展成双字,存入 DX,AX 中
SUB      AX,120
SBB      DX,0                ;实现 X-120
ADD      AX,CX
ADC      DX,BX               ;加上保存在 BX,CX 中的乘积
IDIV     X                   ;除以 X,商存入 AX,余数存入 DX
```

3.2.2.5　十进制调整指令

前面介绍的算术运算指令都是二进制运算指令,但人们习惯使用十进制数,因此计算机运算时,必须先把十进制数转换为二进制数,再进行二进制运算,得到结果后,再把二进制结果转换为十进制数输出。下面介绍的一组十进制调整指令,就是为了此目的设置的。

在计算机里,用 4 位二进制数表示一位十进制数,这种代码称为 BCD(binary code decimal)码。BCD 码有压缩和非压缩两种格式。压缩 BCD 码是指用 4 位二进制数表示一位十进制数,如表 3.2 所示;非压缩 BCD 码是指用 8 位二进制数表示一位十进制数,其中低 4 位为 BCD 码,高 4 位没有意义。

表 3.2　　　　　　　　　　　　**十进制数与 BCD 码对应表**

十进制数	0	1	2	3	4	5	6	7	8	9
BCD 码	0000	0001	0010	0011	0100	0101	0110	0111	1000	1001

(1) 压缩的 BCD 码调整指令

① DAA 加法的十进制调整指令(decimal adjust for addition)。

指令格式:DAA

执行操作:(AL)←把 AL 中的二进制数调整为压缩的 BCD 码格式。

这条指令执行之前,必须先执行 ADD 或 ADC 指令,把两个压缩的 BCD 码之和存放在 AL 寄存器中,然后用 DAA 加以调整。本指令的调整方法是:如果 AF=1 或 AL 的低 4 位中出现十六进制数的 A~F,则 AL 寄存器的内容加 06H,并将 AF 标志位置 1;如果 CF 或 AL 的高 4 位中出现十六进制数的 A~F,则 AL 寄存器的内容加 60H,并将 CF 标志位置 1。DAA 指令对 OF 标志位无定义(对标志位有影响,但不确定),但影响所有其他的标志位。

② DAS 减法的十进制调整指令(decimal adjust for subtraction)。

指令格式:DAS

执行操作:(AL)←把 AL 中的二进制数调整为压缩的 BCD 码格式。

这条指令执行之前,必须先执行 SUB 或 SBB 指令,把两个压缩的 BCD 码之差存放在 AL 寄存器中,然后用 DAS 加以调整。本指令的调整方法是:如果 AF=1 或 AL 的低 4 位中出现十六进制数的 A~F,则 AL 寄存器的内容减 06H,并将 AF 标志位置 1;如果 CF 或 AL 的高 4 位中出现十六进制数的 A~F,则 AL 寄存器的内容减 60H,并将 CF 标志位置 1。DAS 指令对 OF 标志位无定义,但影响所有其他的标志位。

(2) 非压缩的 BCD 码调整指令

① AAA 加法的 ASCII 码调整指令(ASCII Adjust for Addition)。

② AAS 减法的 ASCII 码调整指令(ASCII Adjust for Subtraction)。

③ AAM 乘法的 ASCII 调整指令(ASCII Adjust for Multiplication)。

④ AAD 除法的 ASCII 调整指令(ASCII Adjust for Division)。

由于篇幅有限,对非压缩的 BCD 码调整指令不加详细说明。读者如有需要,请查阅相关手册。

【例 3.27】 指令序列为:

ADD   AL,BH

DAA

指令执行前:(AL)=37H,(BH)=54H

ADD 指令执行后:(AL)=8BH

DAA 指令执行后:(AL)=8BH+06H=91H,AF=1,CF=0

3.2.3 逻辑指令

逻辑指令包括逻辑运算指令和移位指令。

3.2.3.1 逻辑运算指令

逻辑运算是二进制数位与位之间的运算,不会产生进位和借位,指令包括 AND、OR、NOT、XOR 和 TEST 五条指令。

(1) AND——逻辑与指令

指令格式:AND   DST,SRC

执行操作:(DST)←(DST)∧(SRC)

逻辑与运算规则:两个二进制位只要有一个为 0,则结果为 0;两个二进制位全为 1,则结果为 1。

指令的操作数形式:

① AND   reg1/mem,reg2

② AND   reg1,reg2/mem

③ AND   reg/mem,data

标志位:CF 和 OF 均置为 0,AF 无定义,SF、ZF 和 PF 则根据运算结果设置。

(2) OR——逻辑或指令

指令格式:OR   DST,SRC

执行操作:(DST)←(DST)∨(SRC)

逻辑或运算规则:两个二进制位只要有一个为 1,则结果为 1;两个二进制位全为 0,则结果为 0。

指令的操作数形式及对标志位值的影响同 AND 指令。

(3) NOT——逻辑非指令

指令格式:NOT   OPR

执行操作:(OPR)←(OPR)各位取反

逻辑非运算规则:二进制位为 1,则结果为 0;二进制位为 0,则结果为 1。

指令的操作数形式:NOT   reg/mem

标志位:不影响标志位。

（4）XOR——异或指令

指令格式：XOR　DST,SRC

执行操作：(DST)←(DST)∨(SRC)

逻辑异或运算规则：两个二进制位相同,则结果为 0；两个二进制位相反,则结果为 1。

指令的操作数形式及对标志位值的影响同 AND 指令。

（5）TEST——测试指令

指令格式：TEST　OPR1,OPR2

执行操作：(OPR1)∧(OPR2)

该指令执行操作与 AND 指令相似,但不保存结果。TEST 指令常配合转移指令实现程序分支。

指令的操作数形式及对标志位值的影响同 AND 指令。

【例 3.28】　若(BL)＝63H,要求把(BL)的第 0、1 和 6 位置为 0。

可以先构造一个 8 位立即数,其第 0、1 和 6 位置为 0,即该立即数为 0BCH,然后用指令"AND　BL,0BCH"来实现此功能。

$$
\begin{array}{rcc}
 & 0110 & 0011 \\
\text{AND} & 1011 & 1100 \\
\hline
 & 0010 & 0000
\end{array}
$$

所以用 AND 指令可以屏蔽某些二进制位,只需要把 AND 指令的源操作数设置成一个立即数,并把需要屏蔽的位设置为 0,其余位均设置为 1。

【例 3.29】　若(BH)＝11H,要求把(BH)的第 3 和 7 位置为 1。

可以先构造一个 8 位立即数,其第 3 和 7 位置为 1,即该立即数为 88H,然后用指令"OR　BH,88H"来实现此功能。

$$
\begin{array}{rcc}
 & 0001 & 0001 \\
\text{OR} & 1000 & 1000 \\
\hline
 & 1001 & 1001
\end{array}
$$

所以用 OR 指令可以对某些二进制位进行置位,只需要把 OR 指令的源操作数设置成 1 个立即数,并把需要置位的位设置为 1,其余位均设置为 0 即可。

【例 3.30】　若(AH)＝0ACH,要求把(AH)的低 4 位取反。

可以先构造一个 8 位立即数,其低 4 位置为 1,即该立即数为 0FH,然后用指令"XOR　AH,0FH"来实现此功能。

$$
\begin{array}{rcc}
 & 1010 & 1100 \\
\text{XOR} & 0000 & 1111 \\
\hline
 & 1010 & 0011
\end{array}
$$

这条指令执行后,达到了将(AH)低 4 位取反的目的。

【例 3.31】　指令序列如下：

MOV　AL,0AEH

TEST　AL,01H

MOV　BL,9EH

TEST BL,80H

第 1 条 TEST 指令执行后:(AL)=0AEH 保持不变,但 ZF=1,所以可以断定 AL 中最低位为 0,即 AL 中内容是偶数。

第 2 条 TEST 指令执行后:(BL)=9EH 保持不变,但 ZF=0,所以可以断定 BL 中最高位为 1,即 BL 中内容是负数。

3.2.3.2 移位指令

移位指令均为双操作数指令,其格式可表示为:OP OPR,COUNT

其中,OP 是操作码;OPR 是被移位的操作数,可以用除立即寻址方式以外的任意寻址方式;COUNT 是移位位数,它只能是立即数 1 或 CL 寄存器,1 表示只移位 1 位,当移位位数大于 1 时,应在该移位指令前先将移位位数置于 CL 中。

移位指令可分为四组:逻辑移位指令、算术移位指令、循环移位指令和带进位的循环移位指令。

(1) 逻辑移位指令

逻辑移位指令用于无符号数的移位操作。

① SHL 逻辑左移指令。

指令格式:SHL OPR,COUNT

执行操作:如图 3.10(a)所示。

② SHR 逻辑右移指令。

指令格式:SHR OPR,COUNT

执行操作:如图 3.10(b)所示。

(2) 算术移位指令

算术移位指令用于带符号数的移位操作。

① SAL 算术左移指令。

指令格式:SAL OPR,COUNT

执行操作:如图 3.10(a)所示。

② SAR 算术右移指令。

指令格式:SAR OPR,COUNT

执行操作:如图 3.10(c)所示。

(3) 循环移位指令

① ROL 循环左移指令。

指令格式:ROL OPR,COUNT

执行操作:如图 3.10(d)所示。

② ROR 循环右移指令。

指令格式:ROR OPR,COUNT

执行操作:如图 3.10(e)所示。

(4) 带进位的循环移位指令

① RCL 带进位的循环左移指令。

指令格式:RCL OPR,COUNT

执行操作:如图 3.10(f)所示。

② RCR 带进位的循环右移指令。

指令格式:RCR   OPR,COUNT

执行操作:如图 3.10(g)所示。

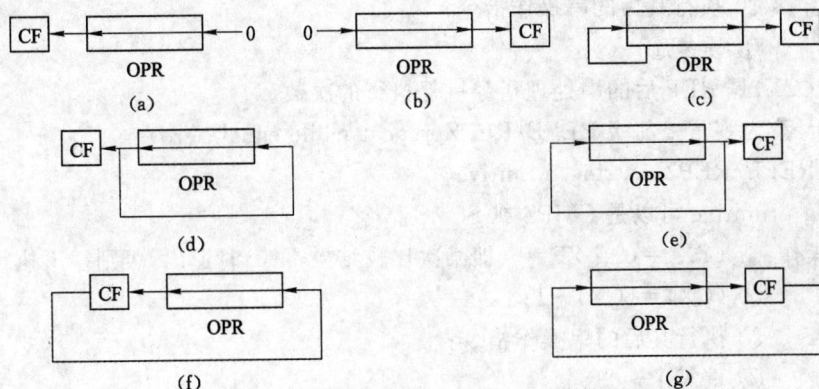

图 3.10 移位指令的操作

(a) 逻辑及算术左移;(b) 逻辑右移;(c) 算术右移;(d) 循环左移;

(e) 循环右移;(f) 带进位循环左移;(g) 带进位循环右移

除循环移位指令(循环移位指令和带进位的循环移位指令)外,SF、ZF 和 PF 由移位结果设置。所有移位指令都影响 CF 和 OF,但 OF 仅当移位位数为 1 时才有效。若数据移 1位后最高有效位发生变化,则 OF 置 1,表示溢出;否则 OF 置 0。对于所有的移位指令,AF无定义。

【例 3.32】   MOV   CL,4

　　　　　　SAL   AL,CL

指令执行前:(AL)=0064H

指令执行后:(AL)=0640H,CF=0,相当于 100D×16D=1600D。

【例 3.33】   若(AX)=0AB00H,(BX)=0CD00H,要求把两者组合形成(AX)=0ABCDH,指令序列如下:

MOV   CL,8

ROR   BX,CL

ADD   AX,BX

3.2.4 串处理指令

串处理指令用于对存放在存储器中的成组数据(字节串或字串)进行传送、比较、扫描及存/取操作。

3.2.4.1 重复串操作前缀

串处理指令本身执行只能处理串中的一个字节或字,要实现对整个串的处理,必须在串处理指令前加上重复串操作前缀。重复串操作前缀有以下 3 种形式:

(1) 重复前缀 REP(repeat)

格式:REP   string primitive

其中,string primitive 可以是 MOVS、LODS 或 STOS 指令。

执行操作:① 若(CX)=0,则退出 REP,否则往下执行;

② (CX)=(CX)-1;

③ 执行其后的串操作指令;

④ 重复①~③。

显然,(CX)是 REP 后的串处理指令重复执行的次数。

(2) 相等/为零重复前缀 REPE/REPZ(repeat while equal/zero)

格式:REPE/REPZ　string primitive

其中,string primitive 可以是 CMPS 或 SCAS 指令。

执行操作:① (CX)=0 或 ZF=0(即某次比较结果不等)时退出,否则往下执行;

② (CX)=(CX)-1;

③ 执行其后的串操作指令;

④ 重复①~③。

(3) 不相等/不为零重复前缀 REPNE/REPNZ(repeat while not equal/not zero)

格式:REPNE/REPNZ　string primitive

其中,string primitive 可以是 CMPS 或 SCAS 指令。

执行操作:① (CX)=0 或 ZF=1(即某次比较结果相等)时退出,否则往下执行;

② (CX)=(CX)-1;

③ 执行其后的串操作指令;

④ 重复①~③。

3.2.4.2　串操作指令

(1) MOVS 串传送指令

指令格式:MOVSB / MOVSW / MOVS　DST,SRC

其中,前两种格式是隐式形式,这三种格式的等价关系为:

MOVSB 等价于 MOVS　ES:BYTE　PTR[DI],DS:[SI]

MOVSW 等价于 MOVS　ES:WORD　PTR[DI],DS:[SI]

显然,(ES:DI)指向目的串,而(DS:SI)指向源串。

执行操作:

① ((DI))←((SI));

② 字节操作:(SI)←(SI)+1,(DI)←(DI)+1 或

(SI)←(SI)-1,(DI)←(DI)-1

字操作:(SI)←(SI)+2,(DI)←(DI)+2 或

(SI)←(SI)-2,(DI)←(DI)-2

其中,1/2 由串操作类型决定,字节操作取 1,字操作取 2;+/-由方向标志位 DF 的值决定。DF=0 时用+,DF=1 时用-。设置 DF 值的指令为 CLD/STD。

【例 3.34】 将存放数据段中起始地址为 BUFFER_1 的一字符正向串传送到附加段中,附加段中起始存放地址为 BUFFER_2,该字符串为"HELLO"。

LEA　SI,BUFFER_1　　　　;数据段存储区起始地址送 SI

LEA　DI,BUFFER_2　　　　;附加段存储区起始地址送 DI

```
MOV   CX,5                    ;字符串长度送 CX
CLD                           ;DF 置为 0
REP   MOVSB                   ;字符串传送
```

程序段中,"REP　MOVSB"指令完成的操作如图 3.11 所示。

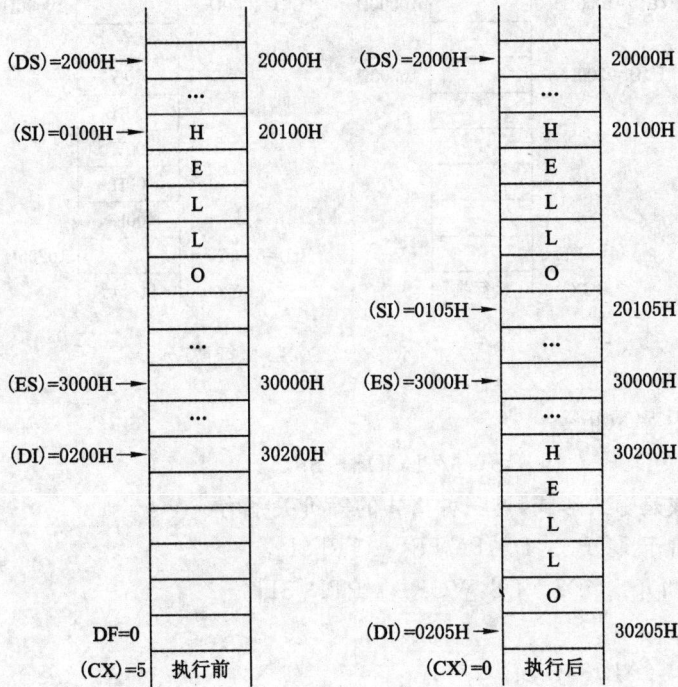

图 3.11　例 3.34 执行情况

(2) STOS 存入串指令

指令格式:STOSB / STOSW / STOS　DST

其中,前两种格式是隐式形式,这三种格式的等价关系为:

STOSB 等价于 STOS　ES:BYTE　PTR[DI]

STOSW 等价于 STOS　ES:WORD　PTR[DI]

执行操作:

① 字节操作:((DI))←(AL)

字操作:((DI))←(AX)

② 字节操作:(DI)←(DI)+1 或(DI)←(DI)−1

字操作:(DI)←(DI)+2 或(DI)←(DI)−2

标志位:不影响条件标志位。

【例 3.35】 将附加段中起始地址为 BUFFER 的一段存储区清零,该段存储区的长度为 5。程序段为:

```
LEA   DI,BUFFER               ;存储区起始地址送 DI
MOV   AL,0                    ;0 送累加器 AL
MOV   CX,5                    ;存储区长度送 CX
```

```
CLD                        ;DF 置为 0
REP   STOSB                ;8 个 0 送起始地址为 BUFFER 的存储区
```
程序段中,"REP   STOSB"指令完成的操作如图 3.12 所示。

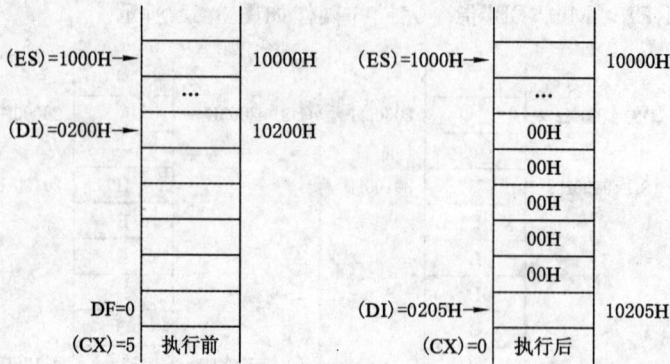

图 3.12 REP   STOSB 执行情况

(3) LODS 从串取指令

指令格式:LODSB / LODSW / LODS   SRC

其中,前两种格式是隐式形式,这三种格式的等价关系为:

LODSB 等价于 LODS   DS:BYTE   PTR[SI]

LODSW 等价于 LODS   DS:WORD   PTR[SI]

执行操作:

① 字节操作:(AL)←((SI))

字操作: (AX)←((SI))

② 字节操作:(SI)←(SI)+1 或(DI)←(SI)−1

字操作:(SI)←(SI)+2 或(DI)←(SI)−2

LODSW 指令执行前后情况如图 3.13 所示。

标志位:不影响条件标志位。

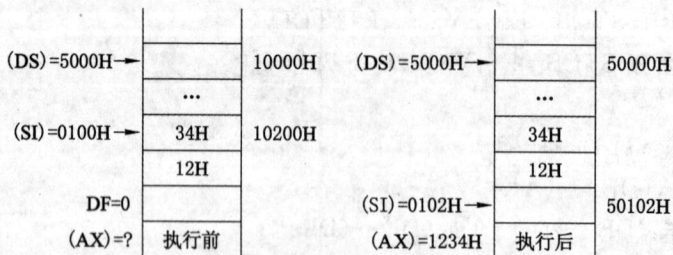

图 3.13 LODSW 指令执行情况

(4) CMPS 串比较指令

指令格式:CMPSB / CMPSW / CMPS   DST,SRC

其中,前两种格式是隐式形式,这三种格式的等价关系为:

CMPSB 等价于 CMPS   ES:BYTE   PTR[DI],DS:[SI]

CMPSW 等价于 CMPS　ES:WORD　PTR[DI],DS:[SI]

执行操作：

① ((SI))−((DI))

② 字节操作：(SI)←(SI)+1,(DI)←(DI)+1 或

　　　　　　(SI)←(SI)−1,(DI)←(DI)−1

　字操作：(SI)←(SI)+2,(DI)←(DI)+2 或

　　　　　　(SI)←(SI)−2,(DI)←(DI)−2

标志位：影响所用条件标志位,但有意义的是 ZF。

【例 3.36】　比较存于数据段和附加段中的两个字符串,找出它们中第 1 个不相匹配的位置。数据段中字符串存储区的起始地址为 STRING1,附加段中字符串存储区的起始地址为 STRING2。字符串长度为 5。程序段为：

LEA　　　SI,STRING1

LEA　　　DI,STRING2

MOV　　　CX,5

CLD

REPZ　CMPSB

若(CX)=0,则两个字符串相同,否则(SI)−STRING1 为两个字符串第 1 个不相匹配的位置。程序段中,"REPZ　CMPSB"指令完成的操作如图 3.14 所示。

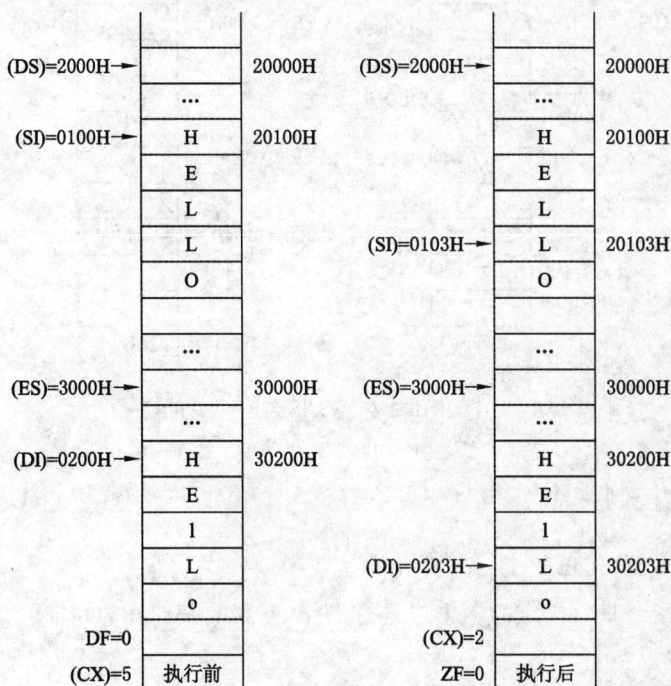

图 3.14　REPZ　CMPSB 指令执行情况

(5) SCAS 串扫描指令

指令格式:SCASB / SCASW / SCAS　DST

其中,前两种格式是隐式形式,这三种格式的等价关系为:

SCASB 等价于 SCAS ES:BYTE PTR[DI]

SCASW 等价于 SCAS ES:WORD PTR[DI]

执行操作:

① 字节操作:$(AL)-((DI))$

　字操作:$(AX)-((DI))$

② 字节操作:$(DI)\leftarrow(DI)+1$ 或 $(DI)\leftarrow(DI)-1$

　字操作:$(DI)\leftarrow(DI)+2$ 或 $(DI)\leftarrow(DI)-2$

标志位:影响所用条件标志位,但有意义的是 ZF。

【例 3.37】　在附加段中定义了一字符串数组 STRING,要求从字符串中查找一个指定的字符 P,其 ASCII 码为 50H。字符串长度为 6,程序段为:

LEA　　DI,STRING

MOV　　AL,'P'

MOV　　CX,6

CLD

REPNZ　SCASB

程序段中,"REPNZ　SCASB"指令完成的操作如图 3.15 所示。

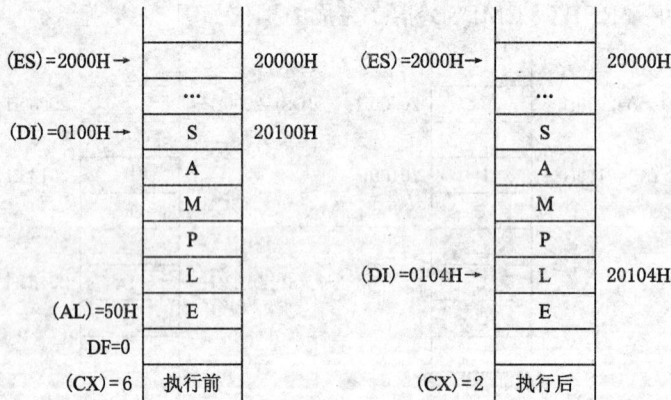

图 3.15　REPNZ　SCASB 指令执行情况

3.2.5　处理机控制指令

3.2.5.1　标志位处理指令

标志位处理指令只对指定的标志位进行操作,不影响其他标志位。

① CLC 进位位 CF 置 0 指令($CF\leftarrow0$);

② CMC 进位位 CF 求反指令($CF\leftarrow CF$ 取反);

③ STC 进位位 CF 置 1 指令($CF\leftarrow1$);

④ CLD 方向标志位置 0 指令($DF\leftarrow0$);

⑤ STD 方向标志位置 1 指令($DF\leftarrow1$);

⑥ CLI 中断标志位置 0 指令($IF\leftarrow0$);

⑦ STI 中断标志位置 1 指令(IF←1)。

3.2.5.2 其他处理机控制与杂项操作指令

(1) NOP 空操作指令

指令格式:NOP

指令功能:该指令不执行任何操作,但占用一个字节存储单元,空耗一个指令执行周期。该指令常用于程序调试。

(2) HLT 停机指令

指令格式:HLT

指令功能:使 CPU 处于停机状态以等待一次外部中断的到来,中断结束后可继续执行下面的程序。

(3) WAIT 等待指令

指令格式:WAIT

指令功能:使 CPU 处于等待状态,直到 CPU 引脚 BUSY 为高时再继续执行。BUSY 引脚是由数值协处理器控制,故该指令是使 CPU 等待协处理器以便同步。协处理器一般专门进行复杂的浮点运算。

(4) LOCK 封锁指令

指令格式:LOCK   INSTRUCTION

指令功能:该指令是一个前缀指令形式,在其后面跟一个具体的操作指令。指令可以保证在其后指令执行过程中,禁止协处理器修改数据总线上的数据,起到独占总线的作用。

习   题

3.1   已知(BX)=524BH,(DI)=1A8DH,位移量 D=1100H,试确定在以下各种寻址方式下的有效地址是什么?

① 立即寻址   ② 直接寻址

③ 使用 BX 的寄存器寻址   ④ 使用 BX 的寄存器间接寻址

⑤ 使用 BX 的寄存器相对寻址   ⑥ 基址变址寻址

⑦ 相对基址变址寻址

3.2   已知(DS)=2100H,(ES)=2000H,(SS)=1200H,(BX)=1000H,(BP)=0100H,(DI)=0010H,符号地址 VALUE 的值为 0030H,试指出下列指令中源操作数的寻址方式是什么? 其物理地址值是多少?

① MOV   AX,1234H   ② MOV   AX,BX

③ MOV   AX,[1000H]   ④ MOV   AX,[BX]

⑤ MOV   AX,[BP]   ⑥ MOV   AX,ES:[DI]

⑦ MOV   AX,VALUE[BX]   ⑧ MOV   AX,[BP+0012H]

⑨ MOV   AX,[BX+DI]   ⑩ MOV   AX,VALUE[BP+DI]

3.3   已知(DS)=2000H,(BX)=0100H,(SI)=0002H,(20100H)=0ABCDH,(20102H)=1234H,(21200H)=0FFCDH,(21202H)=5678H,试说明下列各条指令执行完后 AX 寄存器的内容。

① MOV　AX,BX　　　　　② MOV　AX,[1200H]

③ MOV　AX,[BX]　　　　④ MOV　AX,[BX+1100H]

⑤ MOV　AX,[BX+SI]　　⑥ MOV　AX,[BX+SI+1100H]

3.4　指出下列各寻址方式所使用的段寄存器。

① [DI+12H]　　　　　② [1234H]

③ ES:[BX+SI]　　　　④ [BP+SI+100H]

3.5　指出下列操作数寻址方式的错误原因。

① [AX]　　　　　　　② [SI+DI]

③ [BX+BP]　　　　　④ [CX+1000H]

⑤ [DX]　　　　　　　⑥ SI[1000H]

3.6　假设(SS)=2000H,(SP)=0100H,(AX)=1234H,(BX)=5678H,执行下列指令序列后 CX 和 DX 中内容是什么？画出堆栈变化示意图。

PUSH　AX

PUSH　BX

POP　CX

POP　DX

3.7　假设 VAR 为数据段中偏移地址为 0635H 单元的符号名,其中存放的内容为 34ABH,试问以下两条指令有什么区别？

MOV　AX,VAR

LEA　AX,VAR

3.8　已知(AX)=1020H,(DX)=3080H,端口地址 PORT1=40H,PORT2=41H,(40H)=6EH,(41H)=22H,指出下列各条指令执行的结果。

① IN　AL,PORT2　　　② IN　AX,40H

③ OUT　DX,AL　　　　④ OUT　DX,AX

3.9　试根据以下要求写出相应的汇编语言指令。

① 把 AX 寄存器和 BX 寄存器的内容相加,结果存入 AX 寄存器中。

② 用寄存器 BP 和 SI 的基址变址寻址方式把存储器中的一个字节与 BL 寄存器的内容相加,并把结果送到 BL 寄存器中。

③ 用寄存器 BX 和位移量 100H 的寄存器相对寻址方式把存储器中一个字和 AX 寄存器的内容相加,并把结果送回存储器中。

④ 用位移量为 20H 的直接寻址方式把存储器中的一个字节与数据 99H 相加,并把结果送回该存储单元中。

⑤ 把数据 0ABCDH 与 CX 寄存器的内容相加,并把结果送入 CX 中。

3.10　求出以下各十六进制数与十六进制数 74B0H 之和,并根据结果设置标志位 SF、ZF、CF 和 OF 的值。

① 2465H　② 0BFC0H　③ 4651H　④ 9E70H

3.11　求出以下各十六进制数与十六进制数 5BC0H 之差,并根据结果设置标志位 SF、ZF、CF 和 OF 的值。

① 2465H　② 0BFC0H　③ 4651H　④ 9E70H

3.12　写出执行以下计算的指令序列,其中 X、Y、Z、R 和 W 均为存放 16 位带符号数单元的地址。

　　① W←X+(Y−Z)　　　　　　② W←X−(Y+3)−(R+8)

　　③ W←(X * Y)/(Z−5),R←余数　④ W←(R−(X * Y−Z+450))/Y

3.13　假设(BH)=0E3H,符号地址 VALUE 的值为 79H,试确定下列各指令单独执行后的结果。

　　① XOR　BH,VALUE　　　　　② AND　BH,VALUE

　　③ OR　BH,VALUE　　　　　　④ XOR　BH,0FFH

　　⑤ AND　BH,01H　　　　　　⑥ TEST　BH,05H

3.14　按下列要求设计指令序列。

　　① 把 AX 中的最右 4 位置 1

　　② 把 AX 中的最左 3 位清零

　　③ 把 AX 中的 7、8、9 位取反

　　④ 清除 DH 中的最低三位而不改变其他位,结果存入 BH 中

　　⑤ 把 DI 中的最高 5 位置 1 而不改变其他位

　　⑥ 把 AX 中的 0~3 位置 1,7~9 位取反,13~15 位置 0

　　⑦ 检查 BX 中的第 2、5 和 9 位是否有一位为 1

　　⑧ 检查 DX 中的第 1、4、11 和 14 位是否同时为 0

3.15　假设(DX)=1234H,(CL)=2,(CF)=1,试确定下列各条指令单独执行后 DX 寄存器的内容以及 CF 标志位的值。

　　① SHL　DX,CL　　　　　　② SHR　DX,1

　　③ SAL　DX,CL　　　　　　④ SAR　DX,CL

　　⑤ ROL　DX,CL　　　　　　⑥ ROR　DX,CL

　　⑦ RCL　DX,1　　　　　　⑧ RCR　DX,CL

3.16　写出对存放在 A 和 A+2 单元中的双字长数求补的指令序列,要求结果存放在 B 和 B+2 单元中。

3.17　有一程序段如下:

```
MOV  CX,20
LEA  SI,VAR1
MOV  DI,OFFSET  VAR2
CLD
REP  MOVSB
```

　　A. 这个程序段完成什么功能?

　　B. REP 和 MOVSB 哪条指令先执行?

　　C. MOVSB 第一次执行时,完成什么操作?

　　D. REP 第一次执行时,完成什么操作?

3.18　判断下列指令的正确性,如果某指令是错误的,说明其错误的原因。

　　① MOV　BH,DX　　　　　　② MOV　DS,ES

　　③ MOV　[BX],[SI]　　　　　④ MOV　AL,[BX][DI]

⑤ MOV CS,AX　　　　　⑥ XCHG BX,3

⑦ MOV [SP],BX　　　　　⑧ MOV AX,BX+3

⑨ XCHG ES,AX　　　　　⑩ SHL AX,CX

第 4 章　汇编语言程序格式

4.1　汇编程序功能

图 4.1 表示汇编语言程序的建立及处理过程。首先用编辑程序或字处理程序建立或编辑源程序,编辑程序能产生一个 ASCII 文件,汇编程序要求源文件名必须以".asm"结束(称为扩展名)。".asm"源文件是用汇编语言语句编写的程序,它是不能为机器所识别的,要经过汇编程序加以翻译。因此,汇编程序的作用就是把源文件转换成用二进制代码表示的目标文件(.obj 文件),这是最终产生可执行文件所必须有的文件。汇编程序还可产生".lst"列表文件和".xrf"交叉引用文件,这些文件对程序员都是很有用的。在转换的过程中,汇编程序将对源程序进行扫描,如果源文件中有语法错误,汇编程序能将其罗列出来,这些语法错误要全部改正后,才能进行下一步的连接。当然,没有语法错误的程序还不能保证一定能正确运行,因为还可能有其他概念上或算法上的错误。无语法错误的目标文件输入到连接程序(TLINK),同时与库文件或其他目标文件连接在一起产生一个可执行文件,其扩展名为".exe",".exe"文件就是能被微处理器执行的文件。

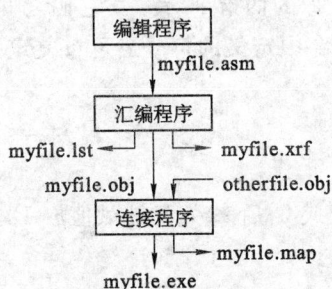

图 4.1　汇编语言程序的建立及处理过程

因此,一般在计算机上建立和运行汇编语言程序的步骤是:

① 用编辑程序或字处理程序建立 ASM 源文件;

② 用 TASM 程序把 ASM 源文件转换成 OBJ 目标文件;

③ 用 TLINK 程序把 OBJ 文件转换成 EXE 可执行文件;

④ 用 DOS 命令直接键入文件名就可执行该程序。

本书采用 Borland 公司推出的宏汇编程序 TASM(turbo assembler)说明汇编程序所提供的伪指令和操作符。汇编程序的主要功能是:

① 分析源程序的词法和句法,检测语法错误并给出出错信息;

② 将源程序文件转换为二进制目标文件,并可输出列表文件. LIST 供程序员分析;

③ 展开宏指令。

4.2 伪 指 令

汇编语言程序除了前面介绍的指令外,还有伪指令和宏指令。其中宏指令将在第 8 章介绍,本节只讨论伪指令。伪指令又称伪操作,它与指令语句不同,其指令是在程序运行期间由 CPU 来执行的,而伪指令本身并不产生对应的机器目标代码,它仅仅是告诉汇编程序一些信息(如段的定义、数据如何存放、程序的开始和结束等)。

4.2.1 表达式赋值伪指令 EQU

在编制源程序中,当同一表达式在程序中多次出现时,通常用一个符号名来代替此表达式,这样不但可以提高程序的可读性,出现错误时也更易于修改。EQU 就是给表达式赋予一个符号名的伪指令。

格式:符号名　EQU　表达式

其中,表达式可以是任何有效的操作数、助记符或可求出常数值的表达式等。

【例 4.1】　X1　EQU　5　　　　　　　　　;常数

　　　　　　X2　EQU　X1+13　　　　　　;表达式

　　　　　　X3　EQU　[BX+1000H]　　　;寄存器相对寻址

　　　　　　X4　EQU　SI　　　　　　　　;寄存器

　　　　　　X5　EQU　DIV　　　　　　　;助记符

另外还有一个与 EQU 相类似的伪指令"="。它们之间的区别是 EQU 定义后的符号名不能重复再定义,而"="伪指令中定义的符号名可重复定义。例如:

Y=2

…

Y=Y+10

是正确的,表示符号 Y 先被赋值成 2,后来 Y 又被赋值成 12。但不可以写成:

Y　EQU　2

…

Y　EQU　Y+10

4.2.2 数据定义伪指令

格式:[<变量>]　<助记符>　　<操作数 1>,…,<操作数 n>;[<注释>]

其中,<变量>字段是可选的,它用符号地址表示,代表<操作数 1>的偏移地址。<注释>字段也是可选的,用来说明该伪指令的功能。<助记符>字段用来说明所定义的数据类型,常用数据类型如下:

DB:用来定义字节数据,其后面的每个操作数都占用一个字节。

DW:用来定义字数据,其后面的每个操作数都占用一个字节。

DD:用来定义双字数据,其后面的每个操作数都占用两个字节。

DQ:用来定义四个字数据,其后面的每个操作数都占用四个字节。

DT:用来定义十个字数据,其后面的每个操作数都占用十个字节。

<操作数>字段有以下几种类型。

4.2.2.1 操作数是常数或可以求得一个常数值的表达式

【例 4.2】 X DB 64H,−1,16

Y DW 100,0AB78H

Z DD 25 * 4,0FFFFH

汇编后,在存储器中的存储情况如图 4.2 所示。

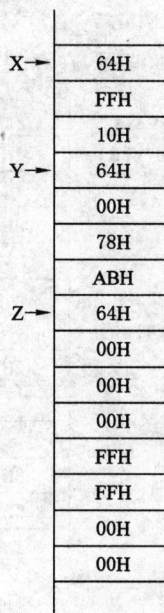

4.2.2.2 操作数是字符串

【例 4.3】 STRING DB ′ABCDEF′

汇编后,在存储器中的存储情况如图 4.3(a) 所示。

【例 4.4】 STRING1 DB ′AB′

STRING2 DW ′BA′

汇编后,在存储器中的存储情况如图 4.3(b) 所示。

4.2.2.3 操作数"?"

"?"表示只保留存储空间,但不存入数据。

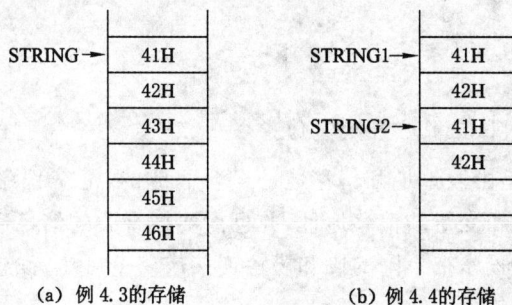

图 4.2 例 4.2 的汇编结果

X→	64H
	FFH
	10H
Y→	64H
	00H
	78H
	ABH
Z→	64H
	00H
	00H
	00H
	FFH
	FFH
	00H
	00H

(a) 例 4.3 的存储

STRING→	41H
	42H
	43H
	44H
	45H
	46H

(b) 例 4.4 的存储

STRING1→	41H
	42H
STRING2→	41H
	42H

图 4.3 例 4.3 和例 4.4 的汇编结果

【例 4.5】 BUFFER1 DB 1,?,3,?,?

BUFFER2 DW 1234H,?,5678H

汇编后,在存储器中的存储情况如图 4.4 所示。

4.2.2.4 操作数使用复制操作符 DUP

DUP(duplication)操作符用来复制一个或多个操作数,其格式为:

<表达式 1> DUP(<表达式 2>)

其中,<表达式 1>是重复的次数,<表达式 2>是重复的内容。

【例 4.6】 DATA1 DB 34H,2 DUP(1,?,3)

DATA2 DW 10 DUP(?)

汇编后,在存储器中的存储情况如图 4.5 所示。DUP 操作符还可以嵌套使用,即<表达式 2>中含有 DUP 操作符,如例 4.7 所示。

【例 4.7】 DATA DB 10 DUP(0,2 DUP(1,2),4)

汇编后,在存储器中的存储情况如图 4.6 所示。

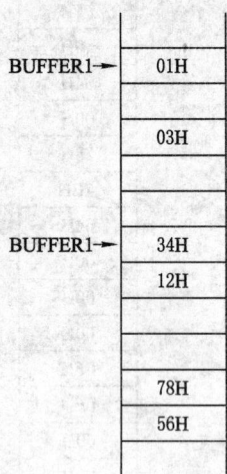

BUFFER1→	01H
	03H
BUFFER1→	34H
	12H
	78H
	56H

DATA1→	34H
	01H
	03H
	01H
	03H
DATA2→	...	20个字节

DATA→	00H
	01H
	02H
	01H
	02H
	04H
	...
	00H
	01H
	02H
	01H
	02H
	04H	重复10次

图 4.4 例 4.5 汇编结果　　　图 4.5 例 4.6 汇编结果　　　图 4.6 例 4.7 汇编结果

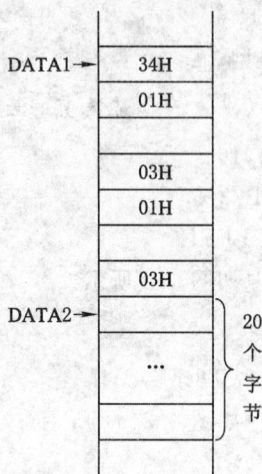

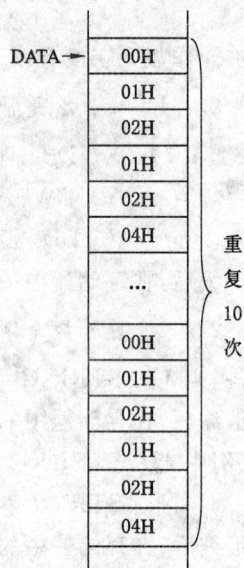

4.2.3 段定义伪指令

4.2.3.1 SEGMENT/ENDS 段定义伪指令

存储器的物理地址是由段地址和偏移地址组合而成的,汇编程序在把源程序转换为目标程序时,必须确定标号和变量的偏移地址,并且需要把有关的信息通过目标代码的形式发送给连接程序,以便连接程序把不同的段和模块连接成一个可执行的应用程序。为此,需要用段定义伪指令,其格式如下:

　　<段名>　SEGMENT　[<定位类型>][<组合类型>][<使用类型>][<类别>]
　　　　　　...

　　<段名>　ENDS

其中,<段名>字段由用户自行选定,通常使用与本段用途相关的名字,如数据段名 DATA、堆栈段名 STACK、代码段名 CODE 等。段定义开始与结束的段名应保持一致,省略部分是段定义体。对于数据段、附加段和堆栈段,一般是存储单元的定义、分配等伪指令;对于代码段则是指令及伪指令。<定位类型>、<组合类型>、<使用类型>及<类别>字段都是用来进一步控制段定义的,一般情况下,可以省略不用。但是,如果需要用到连接程序把本程序与其他的程序模块连接时,就需要这些说明了,分别叙述如下。

(1)定位类型

定位类型规定段的起始边界要求,有以下 5 种方式(默认方式为 PARA):

PARA:段地址从小段边界开始,即段起始地址的最低十六进制数位必须为 0。

BYTE:段地址从字节边界开始,即段可以从任意地址开始。

WORD：段地址从字边界开始，即段起始地址必须为偶数。

DWORD：段地址从双字边界开始，即段起始地址的最低十六进制数位必须为 4 的倍数。

PAGE：段地址从页的边界开始，即段起始地址的最低两位十六进制数位必须为 0。

（2）组合类型

组合类型规定段之间的连接关系有以下 6 种方式（默认方式为：PRIVATE）。

PRIVATE：表示连接时段不与其他模块中的同名分段合并。

PUBLIC：表示不同模块中的同名段连接在一起，形成一个新段，其连接次序由连接命令指定。

COMMON：表示不同模块中的同名段重叠而形成一个覆盖段。覆盖段长度取同名段中最长段的长度，覆盖段内容取决于排列在最后一段的内容。

STACK：表示不同模块中的同名段连接成一个连续的堆栈段。系统自动给段寄存器 SS 赋予该连续段的首地址，并初始化堆栈指针寄存器 SP。

AT ＜表达式＞：表示段从表达式指定的地址开始装入，但它不能用于代码段。

MEMORY：与 PUBLIC 同义。

（3）使用类型

使用类型只适用于 386 及其后继机型，有以下两种方式。

USE16：使用 16 位寻址方式。即段长不超过 64 KB，地址的形式是 16 位段地址和 16 位偏移地址。

USE32：使用 32 位寻址方式。即段长可达 4 GB，地址的形式是 16 位段地址和 32 位偏移地址。

（4）类别

类别是一个标识符，必须用单引号括起来。连接程序 LINK 将根据组合类型把类别相同的段连接在一起。

【例 4.8】

```
DATA_1     SEGMENT                  ;定义数据段 DATA_1
  …
DATA_1     ENDS
DATA_2     SEGMENT                  ;定义附加段 DATA_2
  …
DATA_2     ENDS
CODE       SEGMENT                  ;定义代码段 CODE
    ASSUME   DS:DATA_1,ES:DATA_2,CS:CODE
START：     MOV  AX,DATA_1          ;数据段地址装入 DS
            MOV  DS,AX
            MOV  AX,DATA_2          ;附加段地址装入 ES
            MOV  ES,AX
            …
CODE       ENDS
END   START                         ;源程序结束
```

4.2.3.2 假定伪指令 ASSUME

在例 4.8 中,使用段定义了段名分别为 DATA_1、DATA_2 和 CODE 的三个段,为了明确段名与段寄存器之间的关系,在 CODE 段中使用了 ASSUME 伪指令,其格式如下:

ASSUME ＜段寄存器名＞:＜段名＞[,＜段寄存器名＞:＜段名＞…]

其中,段寄存器名可以是 DS、ES、SS 和 CS(对于 386 及其后继机型还有 FS 和 GS)中的一个,而段名必须是由 SEGMENT/ENDS 定义的段的名称。ASSUME NOTHING 指令则可取消前面由 ASSUME 所指定的段寄存器。

注意 ASSUME 伪指令只是告诉汇编程序段与段寄存器之间的关系,它并不能把段地址装入相应的段寄存器中。为此,在例 4.8 代码段 CODE 中,分别用两条 MOV 指令将数据段 DATA_1 和附加段 DATA_2 的段地址分别装入段寄存器 DS 和 ES 中。如果程序中有堆栈段,也需要将段地址装入段寄存器 SS 中。但是,代码段不需要这样做,代码段的这一操作是在程序初始化时由系统自动完成的。当然,并不是所有程序都需要定义这四个段。一般,代码段必须定义,其他段是否定义根据具体问题而定。

4.2.4 程序开始和结束伪指令

4.2.4.1 程序开始伪指令 NAME 或 TITLE

在程序的开始可以用 NAME 或 TITLE 为模块取名字,NAME 的格式如下:

NAME ＜模块名＞

汇编程序将以＜模块名＞字段作为模块的名字。程序中也可以使用 TITLE 伪指令,其格式如下:

TITLE ＜文本＞

TITLE 伪指令指定列表文件每一页上打印的标题。同时,如果程序中没有 NAME 伪指令,则汇编程序会自动以＜文本＞字段中的前 6 个字符作为模块名。＜文本＞字段最多可以有 60 个字符。NAME 和 TITLE 都是可选伪指令,而不是必需的,但一般常使用 TITLE,以便在列表文件中能打印出标题。如果源程序中没有使用 NAME 和 TITLE 伪指令,则将用源文件名作为模块名。

4.2.4.2 程序结束伪指令 END

格式:END ［标号］

其中,［标号］字段表示程序开始的起始地址。如果是多个程序模块相连接,则只有主程序要使用标号,其他子程序只是使用 END,而不需要指定标号。如例 4.8 中使用 END START 表示程序的结束。

4.2.5 模式选择和简化段定义伪指令

4.2.5.1 模式选择伪指令 .MODEL

格式:.MODEL ＜模式选择符＞

功能:指明简化段所用内存模式,模式选择符有 TINY、SMALL、MEDIUM、COMPACT 和 LARGE 等,一般选用 SMALL 模式。

TINY 模式:也叫微模式,所有数据及代码放入同一个物理段内,该模式用于编写较小的源程序,这种模式的源程序最终可以形成 COM 文件。

SMALL 模式:也叫小模式,所有数据放入一个 64 KB 的段中,所有代码放入另一个 64 KB 的段中,即程序中只有一个数据段和一个代码段。

MEDIUM 模式:也叫中模式,所有数据放入一个 64 KB 的段中,代码可以放入多于一个的段中,即程序中可以有多个代码段。

COMPACT 模式:也叫压缩模式,所有代码放入一个 64 KB 的段中,数据可以放入多于一个的段中,即程序中可有多个数据段。

LARGE 模式:也叫大模式,代码和数据都可以分别放入多于一个的段中,即程序中可有多个代码段和多个数据段。

4.2.5.2 数据段定义伪指令.DATA

格式:.DATA ［名字］

功能:定义一个数据段,若有多个数据段,则用名字区别。只有一个数据段时,隐含段名为@DATA。

4.2.5.3 堆栈段定义伪指令.STACK

格式:.STACK ［长度］

功能:定义一个堆栈段,并形成 SS 及 SP 的初值,SP 的默认值为 1024,隐含段名为@STACK。

4.2.5.4 代码段定义伪指令.CODE

格式:.CODE ［名字］

功能:定义一个代码段,若有多个代码段,则用名字区别。只有一个代码段时,隐含段名为@CODE。

4.2.5.5 程序返回伪指令.EXIT

格式:.EXIT ［返回值］

功能:产生退出程序并返回操作系统的代码,常用 0 作为返回值。

4.2.5.6 程序开始伪指令.STARTUP

格式:.STARTUP

功能:指示程序的开始位置。

【例 4.9】

```
.MODEL    SMALL
.DATA                    ;定义数据段
          ...
.CODE                    ;定义代码段
.STARTUP                 ;程序开始执行的地址
          ...
.EXIT   0                ;退出程序返回 DOS
END                      ;源程序结束
```

4.2.6 地址计数器与对准伪指令

4.2.6.1 地址计数器 $

汇编程序在对源程序汇编的过程中,使用地址计数器来保存当前正在汇编的指令或者变量的偏移地址。在汇编过程中,地址计数器的值逐步递增。地址计数器的值用 $ 来表示。在编制程序中,允许程序员在指令或伪指令中直接使用 $ 来引用地址计数器的当前值。

当 $ 用在指令中时,它表示本条指令第一字节的偏移地址。例如,下面的指令表示转移到距当前指令第一字节后的 8 字节处。

JMP $+8

当 $ 用在伪指令的参数中时,它表示的是地址计数器的当前值。例如:

BUFFER   DW   1,$+5,3,$+5

假设在汇编时 BUFFER 分配的偏移地址是 100H,则汇编后的存储区如图 4.7 所示。

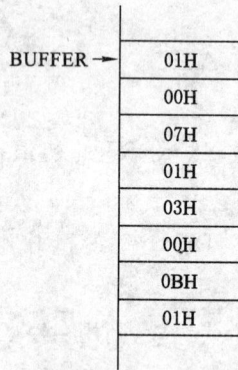

图 4.7 汇编后的 BUFFER 存储区

4.2.6.2 ORG 伪指令

格式:ORG <常数表达式>

功能:汇编时使地址计数器的值为常数表达式的值。若常数表达式的值是 n,则 ORG 伪指令使下一字节的偏移地址成为 n。例如:

```
DSEG   SEGMENT
       ORG  10
VAR1   DW   1234H
       ORG  $+5
VAR2   DW   5678H
       ...
DSEG   ENDS
```

则 VAR1 的偏移地址为 0AH,而 VAR2 的偏移地址为 11H。

4.2.6.3 EVEN 伪指令

格式:EVEN

功能:汇编时使下一个变量或指令开始于偶数字节地址。使用 EVEN 伪指令可以保证

字数组的地址能从偶地址开始,例如:

```
VECTORS   SEGMENT
          ...
          EVEN
WORD_ARRAY  DW   50 DUP(?)
          ...
VECTERS   ENDS
```

4.2.7　基数控制伪指令

汇编程序默认的数为十进制数,因而除非专门指定,汇编程序把程序中出现的数均看成十进制数。为此,当使用其他基数表示常数时,需要专门给以标记。

.RADIX 可以把默认的基数改变为 2~16 范围内的任何基数,其格式如下:

.RADIX　<基数值>

其中,<基数值>用十进制数来表示。

例如:

```
MOV     BX,0FFH        ;16 进制数标记为 H
MOV     BL,10000101B   ;二进制数标记为 B
MOV     BX,178         ;10 进制为默认的基数,可无标记
.RADIX  16             ;以下程序默认 16 进制数
MOV     BX,0FF         ;16 进制为默认的基数,可无标记
MOV     BX,178D        ;10 进制数应加标记 D
```

应当注意,在用".RADIX 16"命令把基数定为 16 进制后,10 进制数后面都应跟字母 D。在这种情况下,如果某个 16 进制数的末字符为 D,则应在其后跟字母 H,以免与 10 进制数发生混淆。

4.2.8　处理器选择伪指令

由于 80X86 的所有处理器都支持 8086/8088 指令系统,但每一种高档机型又都增加了一些新的指令,因此,在编制程序时应告诉汇编程序选择哪一种指令系统。这类伪指令一般放在整个程序的最前面。如果不给出,则汇编程序默认为:.8086。

4.3　汇编语言程序格式

汇编语言源程序由若干语句组成。汇编语言的语句分为指令语句、伪指令语句和宏指令语句,每个语句可以有四个组成项,格式如下:

　　　　[<名字项>]　<操作项>　[<操作数项>]　[;<注释项>]

每项之间用空格或制表符(TAB)分隔开。下面分别说明每个组成项。

4.3.1　名字项

<名字项>是一个标识符,源程序中可用下列字符来表示名字项:字母 A~Z;数字 0~

9；专用字符?,@,*,·,—,$等。

除数字外,所有字符都可以作为名字项的第一个字符。名字项中如果用到"·",则必须是第一个字符。可以用很多字符来说明名字项,但只有前面的31个字符能被汇编程序识别。

一般,名字项可以是标号或变量。它们都用来表示本语句的符号地址,都是可有可无的,只有当需要用符号地址来访问该语句时才需要出现。

4.3.1.1　标号

标号在代码段中定义,后面跟着冒号":",用来表示某条指令的符号地址。标号常作为转移指令或子程序调用指令的操作数,用来表示转向地址。标号有三种属性:段、偏移和类型。

段属性:标号指向的指令语句所在段的段首址。

偏移属性:段首址到标号位置之间的字节数。由于段最大为64 KB,所以偏移量是16位无符号数。

类型属性:标号的类型有NEAR和FAR两种,它们确定了标号的段内或段间转移特性。NEAR类型产生一个2字节的偏移地址作为转移地址,FAR类型则产生一个包括段地址和偏移地址的4字节转移地址。地址也可称为指针,因此NEAR类型的转移地址可称为短指针或近指针,FAR类型的转移地址可称为长指针或远指针。

4.3.1.2　变量

变量在数据段或附加段中定义,后面不跟冒号。变量名表示存放数据的存储单元的符号地址,而该存储单元中的数据是变量的值。变量也有3种属性:段、偏移和类型。

段属性:变量所在段的段首址。

偏移属性:段首址到变量存储单元位置之间的字节数。由于段最大为64 KB,所以偏移量是16位无符号数。

类型属性:类型表示变量占用的存储单元的字节数,变量类型可以为字节、字、双字、四字或十字节。

4.3.2　操作项

<操作项>可以是指令、伪指令或宏指令的助记符。对于指令,汇编程序将会把它翻译成机器语言指令;对于伪指令,汇编程序将根据其功能进行处理;对于宏指令,汇编程序将根据其定义展开,并翻译成机器语言指令。

4.3.3　操作数项

<操作数项>由一个或多个表达式组成,多个操作数项之间一般用逗号隔开。对于指令,<操作数项>一般给出操作数的地址,可能有零个、一个、两个、三个。对于伪指令或宏指令,则给出它们所要求的参数。

<操作数项>可以是常数、寄存器、标号、变量或表达式。这里主要讨论表达式,表达式是由常数、寄存器、标号、变量与一些运算符组合而成的,有数字表达式和地址表达式两种。汇编程序将按照一定的优先规则求得表达式相应的数值或地址。下面介绍一些表达式中常

用的运算符。

4.3.3.1 算术运算符

算术运算符有＋、－、＊、/和 MOD(取余数)运算,常用于数字表达式,得到数值运算结果。算术运算符也可以用于地址表达式,但只能进行下面两种对地址有意义的加减运算,其他运算是无意义的。

① 同一段内的两个存储单元地址相减,其差代表两个存储单元之间相差的字节数。

② 一个存储单元地址加或减一个数字量,产生该单元邻近单元的地址。

【例 4.10】 数组 ARRAY 定义如下:

ARRAY   DW   1,2,3,4,5,6,7
ENDARR   DW   ?

① 将数组长度(字数)存入 BX 寄存器,指令如下:

MOV   BX,(ENDARR－ARRAY)/2

该指令经汇编程序汇编后等效于指令:

MOV   BX,7

② 将数组 ARRAY 中第 4 个字传送到 AX 寄存器中,指令如下:

MOV   AX,ARRAY＋(3－1)＊2

4.3.3.2 移位运算符

移位运算符有逻辑左移 SHL 和逻辑右移 SHR 两种。移位运算符只能用于数字表达式。格式如下:

表达式   SHL(或 SHR)   移位位数

【例 4.11】 指令 MOV   AX,01011001B   SHL   4

汇编后等效于指令 MOV   AX,10010000B

4.3.3.3 逻辑运算符

逻辑运算符有 AND(与)、OR(或)、NOT(非)和 XOR(异或)。

【例 4.12】 指令 MOV   AH,5AH   AND   0F0H

汇编后等效于指令 MOV   AH,50H

4.3.3.4 关系运算符

关系运算符有 EQ(相等)、NE(不等)、LT(小于)、GT(大于)、LE(小于或等于)、GE(大于或等于)。关系运算符用于比较两个表达式,表达式中的项必须是常数或同一段内两个存储单元地址。对于常数,按无符号数比较;对于地址,则按偏移地址比较。比较结果如果为真,则关系表达式的值为 0FFFFH;如果为假,则关系表达式的值为 0。

【例 4.13】 指令 MOV   AX,0AFH   GT   0F0H

汇编后等效于指令 MOV   AX,0

指令 MOV   BX,0FFH   EQ   11111111B

汇编后等效于指令 MOV   BX,0FFFFH

4.3.3.5 数值回送运算符

数值回送运算符有 TYPE、LENGTH、SIZE、OFFSET 和 SEG 等。这些操作符把一些特征或存储器地址的一部分作为数值回送,即作为数字表达式使用,相当于立即数。

(1) TYPE

格式:TYPE ＜表达式＞

其中,＜表达式＞可以是变量、标号或常数。

功能:对于变量,汇编程序将回送该变量以字节数表示的类型(即 DB 为 1,DW 为 2,DD 为 4,DQ 为 8,DT 为 10);对于标号,则回送代表该标号类型的数值(NEAR 为－1,FAR 为 －2);对于常数,则回送 0。

【例 4.14】 BUFFER DW 10,20,30,40,50

则指令 MOV AX,TYPE BUFFER

汇编后等效于指令 MOV AX,2

(2) LENGTH

格式:LENGTH ＜变量＞

功能:若变量中使用 DUP,汇编程序将回送分配给该变量的单元数;其他情况回送 1。

【例 4.15】

TABLE1 DW 50 DUP(?)

TABLE2 DB 10,20,30,40,50

则指令 MOV BX,LENGTH TABLE1

汇编后等效于指令 MOV BX,50

而指令 MOV CX,LENGTH TABLE2

汇编后等效于指令 MOV CX,1

(3) SIZE

格式:SIZE ＜变量＞

功能:汇编程序将分配给该变量的字节数作为回送值。但是,此回送值应该根据 LENGTH 值与 TYPE 值的乘积来计算。

【例 4.16】

BUFFER1 DW 10,20,30,40,50

BUFFER2 DW 50 DUP(?)

则指令 MOV AX,SIZE BUFFER1

汇编后等效于指令 MOV AX,2

而指令 MOV AX,SIZE BUFFER2

汇编后等效于指令 MOV AX,100

(4) OFFSET

格式:OFFSET ＜变量＞或＜标号＞

功能:汇编程序回送变量或标号的偏移地址值。

【例 4.17】

MOV AX,OFFSET VALUE

汇编程序将 VALUE 的偏移地址值作为立即数回送给指令,它等价于指令:

LEA AX,VALUE

(5) SEG

格式:SEG　<变量>或<标号>

功能:汇编程序回送变量或标号的段地址值。

【例 4.18】

MOV　BX,SEG　ABC

ABC 是定义在从存储地址 12340H 开始的数据段中的一个变量,则汇编后该指令等效于指令:

MOV　BX,1234H

4.3.3.6　属性运算符

属性运算符主要有 PTR、段操作符、SHORT、THIS、HIGH、LOW 等。

(1) PTR

格式:<类型>　PTR　<地址表达式>

功能:用来给已分配的存储地址赋予另一种属性,使该地址具有另一种类型。这里的类型可以是 BYTE、WORD、DWORD、QWORD、TBYTE、NEAR、FAR 等。

【例 4.19】

VAR1　DB　1,2,3,4,5

VAR2　DB　1234H,5678H

　　　　...

MOV　AX,VAR1+1　　;AX 为字类型属性,VAR1+1 为字节类型属性,两者类型
　　　　　　　　　　　　不匹配,汇编时汇编程序将指示出错。

MOV　AL,VAR2　　　;AL 为字节型属性,VAR2 为字类型属性,两者类型不匹
　　　　　　　　　　　　配,汇编时汇编程序将指示出错。

上述两条 MOV 指令可用 PTR 属性运算符进行修正,修正后的两条 MOV 指令为:

MOV　AX,WORD　PTR　VAR1+1

MOV　AL,BYTE　PTR　VAR2

(2) 段操作符

格式:<段寄存器> :<地址表达式>

功能:用来指示地址表达式的段属性。例如:

MOV　AL,ES:[BX+VALUE]

(3) SHORT

格式:SHORT　<标号>

功能:指明此处标号为短转移标号,即标号指示的位置与本指令之间偏移量应在−128～+127 范围内。

SHORT 常用来修饰 JMP 指令中转向地址的属性,JMP 指令将在第 6 章介绍。例如:

JMP　SHORT　ABC

(4) THIS

格式:THIS　<类型>

功能:建立一个具有指定类型(BYTE、WORD、DWORD、QWORD、TBYTE、NEAR、FAR 等)的地址操作数,该操作数的段地址和偏移地址与下一个存储单元地址相同。如:

MY_BYTE　EQU　THIS　BYTE

MY_WORD   DW   ?

此时,MY_BYTE 的偏移地址与 MY_WORD 完全相同,但 MY_BYTE 是字节类型,而 MY_WORD则是字类型。

运算符 THIS 与 PTR 很相像。所不同的是,THIS 一般使用在符号定义语句中,与 EQU 或"＝"伪指令联用,它并不直接作用于地址表达式;而 PTR 则直接作用于地址表达式。

（5）HIGH 和 LOW

格式:HIGH ＜表达式＞

或   LOW ＜表达式＞

其中,＜表达式＞可以是数或地址表达式。

功能:HIGH 取表达式的高字节,而 LOW 则取低字节。所以,又称字节分离运算符。

【例 4.20】 已知一个符号地址 VALUE＝1234H,则指令

MOV AH,HIGH VALUE

汇编后等效于指令 MOV   AH,12H,而指令

MOV AL,LOW VALUE

汇编后等效于指令 MOV   AL,34H

表达式中有多个运算符时,按优先级从高到低顺序运算,优先级相同的运算符则按从左至右的规则运算,任何情况都可以用括号改变运算顺序。运算符优先级见表 4.1。

表 4.1   运算符的优先级

优先级	运 算 符
1	尖括号,圆括号,方括号,圆点符,LENGTH,SIZE,WITH 和 MASK
2	PTR,OFFSET,SEG,TYPE,THIS,段操作符
3	HIGH,LOW
4	*,/,MOD,SHL,SHR
5	+,−
6	EQ,NE,LT,LE,GT,GE
7	NOT
8	AND
9	OR,XOR
10	SHORT

4.3.4 注释项

注释项是指以分号";"开始的说明性语句,是用来说明一段程序、一条或几条指令的功能。注释项是可有可无的,只起注释说明作用,以提高程序的可读性,对于程序的运行没有任何影响。

下面给出两种汇编语言源程序格式示例。

【例 4.21】 具有完整段定义的汇编语言源程序示例。

```
DATA      SEGMENT              ;定义数据段 DATA
          …                    ;数据段代码
DATA      ENDS
EXTRA     SEGMENT              ;定义附加段 EXTRA
          …                    ;附加段代码
EXTRA     ENDS
CODE      SEGMENT              ;定义代码段 CODE
MAIN      PROC      FAR        ;定义主过程开始
     ASSUME  DS:DATA,ES:EXTRA,CS:CODE
START：PUSH      DS           ;为返回 DOS 而写的 3 条指令
          SUB       AX,AX
          PUSH      AX
          MOV       AX,DATA    ;用数据段地址初始化 DS 段寄存器
          MOV       DS,AX
          MOV       AX,EXTRA   ;用附加段地址初始化 ES 段寄存器
          MOV       DS,AX
          …                    ;代码段核心代码
          RET                  ;返回 DOS
MAIN      ENDP                 ;主过程结束
CODE      ENDS                 ;代码段结束
          END       START      ;源程序结束
```

两点说明：

① 示例中定义了数据段、附加段和代码段，如果还需要定义堆栈段，则定义的方式是相同的。一个完整的汇编语言源程序中至少含有一个代码段，其他段则根据具体情况而定。

② 示例中把主程序定义为远过程 MAIN，由 DOS 调用该过程，进入程序后，首先用 3 条指令把 DS 的内容和 0 作为段地址和偏移地址入栈，以便在程序结束时用 RET 指令返回 DOS，这是一种工作方式。

另一种工作方式：去掉上面 3 条指令，程序结束时不用 RET 指令返回，而是使用编号为 4CH 的系统功能调用返回 DOS，即如下两条指令：

```
MOV   AX,4C00H
INT   21H
```

此种工作方式用得更加普遍。

以下是使用简化段定义的汇编语言源程序示例，这种格式适用于 TASM 5.0 及以上版本。

【例 4.22】

```
. MODEL   SMALL                ;定义程序存储模式为小模式 SMALL
. STACK                        ;定义堆栈段(默认 1KB 空间)
. DATA                         ;定义数据段
   …                           ;数据段代码
```

```
.CODE                                    ;定义代码段
START：                                  ;程序起始点
        MOV     AX,@DATA                 ;数据段地址装入 DS 段寄存器
        MOV     DS,AX
                ...                      ;核心程序代码
        MOV     AX,4C00H                 ;返回 DOS
        INT     21H
        END     START                    ;源程序结束
```

4.4　汇编语言程序的上机操作

在 4.1 节中,已经简单地说明了汇编语言程序从建立到执行的过程,这一节将说明这一过程的具体操作方法。在下面的叙述中,将以 Borland 公司提供的 TASM 5.0 工具包为基础,通过具体实例来说明汇编语言程序上机运行的一般过程。

【例 4.23】 试编写一程序:比较两个字符串 string1 和 string2 所含的字符是否相同。若相同则显示"Match",否则,显示"No match"。

4.4.1　建立 ASM 文件

可以用编辑程序 EDIT 在磁盘上建立如下的源程序 sample.asm。

D:\>edit sample.asm<CR>

源程序 sample.asm

```
DATA    SEGMENT                          ;定义数据段
  STRING1  DB   'This is a sample program!'
  STRING2  DB   'This is a sample program!'
  MESS1    DB   'Match!',13,10,'$'
  MESS2    DB   'No match!',13,10,'$'
DATA    ENDS
CODE    SEGMENT                          ;定义代码段
MAIN    PROC    FAR
  ASSUME  CS:CODE,DS:DATA,ES:DATA
START：
        MOV     AX,DATA                  ;段地址装填
        MOV     DS,AX
        MOV     ES,AX
        LEA     SI,STRING1               ;程序主体部分
        LEA     DI,STRING2
        CLD
        MOV     CX,25
        REPZ    CMPSB
```

```
        JZ      MATCH
        LEA     DX,MESS2
        JMP     SHORT  DISP
MATCH:
        LEA     DX,MESS1
DISP:
        MOV     AH,9
        INT     21H
        MOV     AX,4C00H              ;返回 DOS
        INT     21H
MAIN  ENDP
CODE  ENDS
        END     START                ;源程序结束
```

4.4.2　用汇编程序 TASM 对源文件汇编产生 OBJ 文件

TASM5.0 工具包中提供了三个版本的汇编程序：TASM. EXE、TASMX. EXE 和 TASM32. EXE。这里使用 TASM. EXE,并且假设它已拷贝到 D 盘根目录下。TASM 通过命令行参数获得汇编信息,其格式如下：

TASM[Option] Sourcefile[,Objfile][,Listfile][,Xreffile]

可选项 Option 是为汇编器提供汇编信息的参数。TASM 提供了 20 多个汇编参数,每个参数都以"/"开头,参数可连用,也可单独使用,用户在汇编源程序时,可根据需要选择不同的选项。参数可以紧跟在 TASM 之后键入(然后空一格再键入源文件名),也可以在命令行末尾键入。关于每一个选项的具体说明,用户可以简单地输入命令 TASM,然后回车,就可以从屏幕上清楚地看到它们的含义,这里不再赘述。

Sourcefile 是必须键入的待汇编的源文件名,扩展名可以省略(TASM 将自动认为它的扩展名是 ASM),文件名前面可以有路径。

可选项 Objfile 是指定汇编后的目标文件名,其扩展名可以省略,TASM 自动为目标文件生成扩展名 OBJ。如果缺省该项,汇编后自动生成与源文件同名的 OBJ 文件。

可选项 Listfile 是指定汇编后生成的列表文件名,其扩展名可以省略,TASM 自动为列表文件生成扩展名 LST。如果缺省该项,而且 Option 选项中也没有"/L",汇编后不生成列表文件。

可选项 Xreffile 是指定汇编后生成的交叉引用文件的文件名,其扩展名可以省略,TASM 自动为交叉引用文件生成扩展名 XRF。如果缺省该项,汇编后不生成交叉引用文件。

文件名之间用","间隔。键入这些文件名时,如果没有扩展名,则文件名必须按上述命令行的顺序键入(缺选的文件名用空格代替,TASM 将以源文件名命名)。

用 TASM. EXE 对源文件的汇编操作及汇编程序的回答如下：

D:\>tasm　sample,，，<CR>

Turbo Assembler Version 4. 1 Copyright (C)1988,1996 Borland International

Assembling file：sample. asm

Error messages：None

Warning messages：None

Passes：1

Remaining memory：425k

　　上述命令行将产生三个输出文件,文件名均为 sample。第一个是 OBJ 目标文件,这是汇编的主要目的。第二个文件是 LST 列表文件,在这个文件中,同时列出源程序和机器语言程序清单,并给出符号表,因而可使程序调试更加方便。LST 文件清单的最后部分是段名表和符号表,表中分别给出段名,段的大小及有关属性,以及用户定义的符号名、类型、值等信息。

　　生成的列表文件 SAMPLE. LST 如下所示。

Turbo Assembler Version 4.1　　　10/08/23 18：17：57　　　Page 1

sample. ASM

```
 1 0000                            DATA      SEGMENT
 2 0000   54 68 69 73 20 6973+     STRING1   DB    ′This is a sample program！′
 3          20 61 20 73 61 6D70+
 4          6C 65 20 70 72 6F67+
 5          72 61 6D 21
 6 0019   54 68 69 73 20 6973+     STRING2   DB    ′This is a sample program！′
 7          20 61 20 73 61 6D70+
 8          6C 65 20 70 72 6F67+
 9          72 61 6D 21
10 0032   4D 61 74 63 68 210D+     MESS1     DB    ′Match！′,13,10,′$′
11          0A 24
12 003B   4E 6F 20 6D 61 7463+     MESS2     DB    ′No match！′,13,10,′$′
13          68 21 0D 0A 24
14 0047                            DATA      ENDS
15 0000                            CODE      SEGMENT
16 0000                            MAIN      PROC      FAR
17                                 ASSUME   CS：CODE,DS：DATA,ES：DATA
18 0000                            START：
19 0000   B8 0000s                 MOV      AX,DATA
20 0003   8E D8                    MOV      DS,AX
21 0005   8E C0                    MOV      ES,AX
22 0007   BE 0000r                 LEA      SI,STRING1
23 000A   BF 0019r                 LEA      DI,STRING2
24 000D   FC                       CLD
25 000E   B9 0019                  MOV      CX,25
26 0011   F3> A6                   REPZ     CMPSB
27 0013   74 05                    JZ       MATCH
```

28 0015	BA 003Br		LEA	DX,MESS2
29 0018	EB 03		JMP	SHORT DISP
30 001A		MATCH:		
31 001A	BA 0032r		LEA	DX,MESS1
32 001D		DISP:		
33 001D	B4 09		MOV	AH,9
34 001F	CD 21		INT	21H
35 0021	B8 4C00		MOV	AX,4C00H
36 0024	CD 21		INT	21H
37 0026		MAIN	ENDP	
38 0026		CODE	ENDS	
39			END	START

Turbo Assembler Version 4.1　　10/08/23 18:17:57　　Page 2

Symbol Table

Symbol Name	Type	Value	Cref (defined at #)	
?? DATE	Text	'10/08/23'		
?? FILENAME	Text	'sample'		
?? TIME	Text	'18:17:57'		
?? VERSION	Number	040A		
@CPU	Text	0101H		
@CURSEG	Text	CODE	#1	#15
@FILENAME	Text	SAMPLE		
@WORDSIZE	Text	2	#1	#15
DISP	Near	CODE:001D	29	#32
MAIN	Far	CODE:0000	#16	
MATCH	Near	CODE:001A	27	#30
MESS1	Byte	DATA:0032	#10	31
MESS2	Byte	DATA:003B	#12	28
START	Near	CODE:0000	#18	39
STRING1	Byte	DATA:0000	#2	22
STRING2	Byte	DATA:0019	#6	23

Groups & Segments	Bit Size	Align	Combine Class	Cref(defined at #)			
CODE	16	0026	Para none	#15	17		
DATA	16	0047	Para none	#1	17	17	19

　　第三个文件是包含交叉引用信息的 XREF 文件。交叉引用信息就是源文件中用户定义的所有符号所在行号(加上 #)及引用的行号。因为 XREF 是二进制文件,所以应该使用 TCREF 命令将其转换为 REF 索引列表文件,再用 EDIT 等编辑程序打开。另外,如果没有生成 XREF 文件,在上述 LST 文件的最后同样可以看到交叉引用信息。

　　到此为止,汇编过程已经完成。但是,汇编程序还有另一个重要功能,即可以给出源程序中的出错信息。警告消息(warning messages)指出汇编程序所认为的一般性错误。错误消息(error messages)则指出汇编程序认为已使汇编程序无法进行正确汇编的错误。除给出错误的个数外,汇编程序还指出错误信息。如果程序有错,则应重新调用编辑程序修改错误,并重新汇编直到汇编正确通过为止。当然汇编程序只能指出程序中的语法错误,至于程序的算法或编制程序中的其他错误则应在程序调试时去解决。

4.4.3 用连接程序 TLINK 产生 EXE 文件

汇编程序已产生出二进制的目标文件(OBJ),但 OBJ 文件并不是可执行文件,还必须使用连接程序(TLINK)把 OBJ 文件转换为可执行的 EXE 文件。在 DOS 环境下运行 TLINK.EXE 时,完整的命令行格式为:

TLINK[Options] Objfiles[,Exefile][,Mapfile][,Libfiles]

可选项 Options 是 TLINK 的选项,用来控制 TLINK 的操作。使用选项时必须用斜线(/)或连字符(—)作为前导。若要取消缺省的选项,可在选项后面加一个连字符,例如,—P—将取消选项 P 的作用。关于每一个选项的具体说明,用户可以简单地输入命令 TLINK,然后回车,就可以从屏幕上清楚地看到它们的含义,这里不再赘述。

Objfiles 是必须键入的待连接的目标文件名,可以自带扩展名,否则 TLINK 自动认为目标文件的扩展名是 OBJ。两个以上的目标文件名(例如模块化程序中的主模块和子模块)需用"+"连接。

可选项 Exefile 是用户指定的连接后生成的可执行文件名,如果该项缺省,TLINK 自动生成与目标文件同名的可执行文件(.EXE)。

可选项 Mapflle 是用户指定的连接后生成的映像文件名,如果该项缺省,TLINK 自动生成与可执行文件同名的映像文件(.MAP)。

可选项 Libfiles 是需要连接的库文件,如果不在当前目录,应提供目录路径。

TLINK.EXE 有两个支撑文件,它们是 RTM.EXE 和 DPMI16BI.OVL。组织汇编语言系统文件时,应把这三个文件拷贝在一个目录下,现假设已拷贝到 D 盘根目录下。其操作方法及机器回答如下:

D:\>tlink sample, , <CR>

Turbo Link Version 7.1.30.1. Copyright (c)1987,1996 Borland International

Warning:No stack

上述命令行将输出两个文件:一个是 EXE 文件;另一个输出文件为 MAP 文件,它是连接程序的列表文件,又称连接映像,它给出每个段在存储器中的分配情况。下面给出例4.23 的连接映像文件 SAMPLE.MAP。

Start Stop Length Name Class

00000H 00046H 00047H DATA

00050H 00075H 00026H CODE

Program entry point at 0005:0000

Warning: No stack

连接程序给出的无堆栈段的警告并不影响程序的运行。所以,到此为止,连接过程已经结束,可以执行 SAMPLE.EXE 程序了。

4.4.4　程序的执行

在建立了 EXE 文件后,就可以直接从 DOS 执行程序,如下所示:

D:\> sample<CR>

Match!

D:\>

程序运行结束并返回 DOS。SAMPLE. EXE 程序要求把结果显示出来,那么程序结束,结果也已经看到。但是,如果没有要求程序显示结果,如何确定程序执行的结果是否正确呢? 程序在调试过程中有了错误又如何纠正呢? 这里,就要使用调试程序。TASM 5.0 工具包中提供了 Turbo Debug 调试程序,请读者自行查阅相关手册,这里不再赘述。

4.4.5　COM 文件

COM 文件也是一种可执行文件,由程序本身的二进制代码组成。没有 EXE 文件所具有的包括有关文件信息的标题区(header),所以它占有的存储空间比 EXE 文件要小。COM 文件不允许分段,它所占用的空间不允许超过 64 K,因而只能用来编制较小的程序。由于其小而简单,装入速度比 EXE 文件要快。

使用 COM 文件时,程序不分段,其入口点(开始运行的起始点)必须是 100H(其前的 256 个字节为程序段前缀所在地),而且不必设置堆栈段。在程序装入时,由系统自动把 SP 建立在该段末尾。对于所有的过程则应定义为 NEAR。下面给出 COM 文件的源程序格式举例(TEST. ASM)。

COM 文件示例 1:

```
CODE     SEGMENT
  ORG   100H
  ASSUME  CS:CODE
START:
        MOV     AH,01H      ;DOS 的 1 号调用输入字符
        INT     21H
        SUB     AL,20H      ;大小写转换
        MOV     DL,AL       ;字符的 ASCII 码送入 DL
        MOV     AH,02H      ;DOS 的 2 号调用显示输出
        INT     21H
        MOV     AX,4C00H    ;返回 DOS
        INT     21H
CODE    ENDS
        END     START
```

COM 文件示例 2:

```
. MODEL   TINY
. CODE
ORG      100H
```

START：
```
        MOV     AH,01H
        INT     21H
        SUB     AL,20H
        MOV     DL,AL
        MOV     AH,02H
        INT     21H
        MOV     AX,4C00H
        INT     21H
        END     START
```

用户在建立源文件以后，同样经过汇编为 OBJ 文件，然后通过 TLINK 程序建立 COM 文件，操作方法如下：

D：\> tlink test/t<CR>

在 DOS 系统下，可直接在机器上用文件名执行。

此外，COM 文件还可以直接在调试程序 Turbo Debug 中建立，对于一些短小的程序，这也是一种相当方便的方法。

习　　题

4.1　什么是伪指令？伪指令与机器指令有什么区别？

4.2　画图说明下列数据定义语句所分配的存储空间及初始化的数据值。

　　① BUF_1　DB　'HELLO',16,10,64H,2 DUP(5,2 DUP(1,0),?)

　　② BUF_2　DW　12H,3 DUP(0,?,1),5678H,'CD'

4.3　在 ARRAY 数组中依次存储了六个字数据，紧接着是名为 ZERO 的字单元，表示如下：

　　ARRAY　DW　12,24,35,6,120,0

　　ZERO　DW　?

① 如果 SI 包含数组 ARRAY 的起始地址，编写指令序列将数据 0 送入 ZERO 单元。

② 如果 SI 包含数据 0 在数组中的位移量，编写指令序列将数据 0 送入 ZERO 单元。

4.4　执行下列指令后，寄存器 AX 中内容是什么？

　　ARRAY　　DW　10,20,30,40,50

　　COUNT　　DW　3

　　…

　　LEA　　　SI,TABLE

　　ADD　　　SI,COUNT

　　MOV　　　AX,[SI]

4.5　对于下面的数据定义，各条 MOV 指令单独执行后，有关寄存器的内容各是什么？

　　VAR1　　DB　?

　　VAR2　　DW　20 DUP(?)

```
    VAR3    DB    '0123'
① MOV    AX,TYPE VAR1        ② MOV    BX,TYPE VAR2
③ MOV    DX,SIZE VAR2        ④ MOV    SI,LENGTH VAR3
```

4.6　下述程序段运行后,AX、BX 和 CX 寄存器中内容各是什么?

```
        DATA    SEGMENT
            ORG  1234H
            BUF1 DB  12H,34H
            BUF2 DW  1234H
        DATA    ENDS
            …
        MOV    BX,OFFSET BUF1
        MOV    AX,[BX]
        MOV    CH,BYTE PTR BUF2
        MOV    CL,TYPE BUF2
```

4.7　假设程序中的数据定义如下:

```
NO          DW      ?
NAME        DB      20 DUP(?)
COUNT       DD      ?
LENGTH   EQU    $−NO
```

问 LENGTH 的值是多少? 该值表示什么意义?

4.8　假设数据定义如下:

```
ORG  20H
BUF  DW  1,2,$+3,4
    …
MOV  AX,BUF+3
```

则上述 MOV 指令执行后,AX 寄存器中内容是什么?

4.9　指出下列指令的错误。(假设 OP1、OP2 是已经用 DW 定义的变量)

```
① MOV    BYTE PTR[BX],1000    ② SUB    BX,OFFSET [SI+
1000H]
③ ADD    AL,OP1               ④ ADD    OP1,OP2
```

4.10　给定赋值语句如下:

```
ABC1    EQU    100
ABC2    EQU    25
ABC2    EQU    2
```

则下列表达式的值是多少?

```
① ABC1 * 100+ABC2          ② ABC1  MOD  ABC3+ABC2
③(ABC1+2) * ABC2−2         ④(ABC2/3)MOD 5
⑤(ABC1+3) * (ABC2  MOD  ABC3)  ⑥ ABC1  GE  ABC3
⑦ ABC2  AND  7             ⑧ ABC3  OR  3
```

第5章 分支程序设计

5.1 转移指令

程序的分支是通过转移指令来实现的,转移指令完成的操作就是改变程序的执行顺序。因此,掌握转移指令是编写分支程序设计的基础。转移指令分为无条件转移指令和条件转移指令两类。

5.1.1 无条件转移指令

无条件转移指令 JMP 使程序流程控制无条件地转移到指令指定的地址继续执行。无条件转移可分为段内转移和段间转移两种。

5.1.1.1 段内转移

段内转移是指在同一段的范围内进行转移,此时只需用新的转移目标地址代替原来 IP 寄存器中的值就可以达到转移的目的。段内转移分为段内直接转移和段内间接转移。

(1) 段内直接转移

段内直接转移又分为段内直接短转移和段内直接近转移。

① 段内直接短转移。

指令格式:JMP SHORT ＜标号＞

执行操作:(IP)←(IP)＋D8

其中,D8 表示 8 位位移量,位移量是一个带符号数,范围为−128～＋127 个字节。转移的目标地址为当前 IP 寄存器中内容(即该指令的下一条指令的地址)与指令中指定的 8 位位移量之和。

② 段内直接近转移。

指令格式:JMP NEAR PTR ＜标号＞

执行操作:(IP)←(IP)＋D16

其中,D16 表示 16 位位移量,同样是一个带符号数,范围为−32768～＋32767 个字节。转移的目标地址为当前 IP 寄存器中内容(即该指令的下一条指令的地址)与指令中指定的 16 位位移量之和。

【例 5.1】 JMP SHORT NEXT

　　　　　 …

　　　　　 NEXT:MOV BX,100

　　　　　 …

假设 JMP 指令与 NEXT 标号之间的指令共占 40H 个字节,即位移量为 40H。当执行

JMP 指令时,IP 寄存器内容为 0124H,则 JMP 指令执行后 IP 中内容为 0124H＋40H＝0164H,从而实现由 JMP 指令跳转到 MOV 指令。假设 JMP 指令与 NEXT 标号之间的位移量超过了－128～＋127 范围,则 SHORT 运算符应改为 NEAT PTR。

实际编程中,上述两种转移指令中 SHORT 和 NEAR PTR 运算符都可以省去,即为格式:JMP ＜标号＞。

汇编时,汇编程序将根据由标号确定的位移量范围自动产生段内直接短转移指令或段内直接近转移指令。

（2）段内间接转移

指令格式:JMP WORD PTR OPR

执行操作:(IP)←(reg)或(EA)

操作数 OPR 可以使用除立即数方式以外的任一寻址方式。如果是寄存器寻址方式,则把寄存器中内容送到 IP 寄存器中;如果是某种存储器寻址方式,则根据地址取一个字单元内容送到 IP 寄存器中。

【例 5.2】 假设(DS)＝2000H,(SI)＝1000H,VAL＝100H,(21100H)＝1234H,(21102H)＝5678H。

则指令 JMP SI

执行后 (IP)＝1000H

指令 JMP WORD PTR [SI＋VAL]

执行后 (IP)＝((DS)×16D＋(SI)＋VAL)

$\qquad$＝(20000H＋1000H＋100H)＝(21100H)＝1234H

5.1.1.2 段间转移

段间转移是指在不同段之间进行转移,此时不仅要修改 IP 寄存器的值,而且还要修改 CS 寄存器的值才能达到目的,即转移的目标地址应由新的段地址和偏移地址两部分组成。段间转移分为段间直接转移和段间间接转移。

（1）段间直接转移

指令格式:JMP FAR PTR ＜标号＞

执行操作:(IP)←标号所在段的段内偏移地址。

$\qquad$(CS)←标号所在段的段地址。

【例 5.3】

```
CODE1    SEGMENT
         …
         JMP  FAR  PTR  NEW_SEG
         …
CODE1    ENDS
CODE2    SEGMENT
         …
NEW_SEG:MOV  AL,15
         …
CODE2    ENDS
```

假设标号 NEW_SEG 的地址为 2000H:1000H,则 JMP 指令执行后(IP)=1000H,(CS)=2000H,从而实现由 CODE1 段内 JMP 指令跳转到 CODE2 段内标号 NEW_SEG 所指向的 MOV 指令处。

(2) 段间间接转移

指令格式:JMP DWORD PTR OPR

执行操作:(IP)←(EA)

　　　　　(CS)←(EA+2)

操作数 OPR 只能使用存储器寻址方式,根据寻址方式求出有效地址 EA 后,把指定存储单元中相邻的两个字分别送 IP 寄存器和 CS 寄存器。例如:

$$JMP \quad DWORD\ PTR\ [SI+VAL]$$

若已知条件同例 5.2 中假设,则指令执行后:(IP)=1234H,(CS)=5678H。

JMP 指令不影响标志位。

5.1.2 条件转移指令

条件转移指令根据上一条指令所设置的条件标志位来判别测试条件,如果满足测试条件,则转移到指令中指定的目标地址继续执行;如果不满足测试条件,则顺序执行下一条指令。与 JMP 指令不同,条件转移指令不提供段间转移,只提供段内转移。对于 8086/8088、80286,条件转移指令只提供段内短转移格式,即转移范围为-128~+127 个字节;而 80386 及其以后的机型中,除了短转移外,还提供了段内近转移,这样就可以转到段内任意位置。这里主要讨论 8086/8088 情况。另外,条件转移指令不影响标志位。

指令格式:J×× <标号>

其中,×× 为部分助记符,标号是一符号地址,即转向的目标地址。

执行操作:满足测试条件,则(IP)←(IP)+D8。

其中,D8 表示 8 位位移量,范围为-128~+127 个字节。

下面将条件转移指令分成四组来介绍。

5.1.2.1 根据单个条件标志位的设置情况转移

(1) ZF 标志位

① JZ(或 JE)(jump if zero,or equal):结果为零(或相等)则转移。

指令格式:JZ(或 JE) <标号>

测试条件:ZF=1

② JNZ(或 JNE)(jump if not zero,or not equal):结果不为零(或不相等)则转移。

指令格式:JNZ(或 JNE) <标号>

测试条件:ZF=0

(2) SF 标志位

① JS(jump if sign):结果为负则转移。

指令格式:JS <标号>

测试条件:SF=1

② JNS(jump if not sign):结果不为负则转移。

指令格式:JNS <标号>

测试条件：SF＝0

（3）OF 标志位

① JO(jump if overflow)：结果溢出则转移。

指令格式：JO　＜标号＞

测试条件：OF＝1

② JNO(jump if not overflow)：结果不溢出则转移。

指令格式：JNO　＜标号＞

测试条件：OF＝0

（4）PF 标志位

① JP(或 JPE)(jump if parity, or parity even)：奇偶位为 1 则转移。

指令格式：JP(或 JPE)　＜标号＞

测试条件：PF＝1

② JNP(或 JPO)(jump if not parity, or parity odd)：奇偶位为 0 则转移。

指令格式：JNP(或 JPO)　＜标号＞

测试条件：PF＝0

（5）CF 标志位

① JC(或 JB, 或 JNAE)(jump if carry, or below, or not above or equal)：进位为 1, 或者低于, 或者不高于或等于则转移。

指令格式：JC(或 JB, 或 JNAE)　＜标号＞

测试条件：CF＝1

② JNC(或 JNB, 或 JAE)(jump if not carry, or not below, or above or equal)：进位为 0, 或者不低于, 或者高于或等于则转移。

指令格式：JNC(或 JNB, 或 JAE)　＜标号＞

测试条件：CF＝0

5.1.2.2　根据两个无符号数的比较结果转移

① JC(或 JB, 或 JNAE)：进位为 1, 或者低于, 或者不高于或等于则转移。

② JNC(或 JNB, 或 JAE)：进位为 0, 或者不低于, 或者高于或等于则转移。

以上两种指令与上组中根据 CF 标志位转移的指令完全相同。

③ JBE(或 JNA)(jump if below or equal, or not above)：低于或等于, 或者不高于则转移。

指令格式：JBE(或 JNA)　＜标号＞

测试条件：$CF \lor ZF = 1$

④ JNBE(或 JA)(jump if not below or equal, or above)：不低于或等于, 或者高于则转移。

指令格式：JNBE(或 JA)　＜标号＞

测试条件：$CF \lor ZF = 0$

5.1.2.3　根据两个带符号数的比较结果转移

① JL(或 JNGE)(jump if less, or not greater or equal)：小于, 或者不大于或等于则转移。

指令格式:JL(或 JNGE)　＜标号＞

测试条件:SF∀OF＝1

② JNL(或 JGE)(jump if not less,or greater or equal):不小于,或者大于或等于则转移。

指令格式:JNL(或 JGE)　＜标号＞

测试条件:SF∀OF＝0

③ JLE(或 JNG)(jump if less or equal,or not greater):小于或等于,或者不大于则转移。

指令格式:JLE(或 JNG)　＜标号＞

测试条件:(SF∀OF)∨ZF＝1

④ JNLE(或 JG)(jump if not less or equal,or greater):不小于或等于,或者大于则转移。

指令格式:JNLE(或 JG)　＜标号＞

测试条件:(SF∀OF)∨ZF＝0

注意:上述②、③两组条件转移指令用于对两个数的比较,并根据比较结果情况是＞、≥、＜或≤则进行转移。这两组指令在使用中要严格区分,否则会出错。例如,0FFFFH 和 0000H 两个数比较,如果把它们看成无符号数,则前者大于后者;但如果把它们看成带符号数,则后者大于前者。

5.1.2.4　根据 CX 寄存器的值是否为 0 转移

指令格式:JCXZ　＜标号＞

测试条件:(CX)＝0

【例 5.4】　利用条件转移指令处理加法进位的情况。要求如果有进位则执行动作 1,否则执行动作 2。

```
        ···
        ADD    AX,BX
        JC     ACTION_1        ;CF＝1(有进位)则执行动作 1
        ···                    ;动作 2 代码
        JMP    OTHER           ;跳过动作 1
ACTION_1:···                   ;动作 1 代码
    OTHER:···
```

【例 5.5】　已知两个无符号数分别存于寄存器 AL 和 BL 中。要求如果 AL 中值大于等于 BL 中值,则执行动作 1;否则执行动作 2。

```
        ···
        CMP    AL,BL
        JAE    ACTION_1        ;(AL)≥(BL)则执行动作 1
        ···                    ;动作 2 代码
        JMP    EXIT            ;跳过动作 1
ACTION_1:···                   ;动作 1 代码
    EXIT:···
```

5.2　分支程序设计方法

5.2.1　分支程序的结构形式

　　分支程序的结构可以分为两路分支和多路分支两种形式。两路分支类似于高级语言中的 IF_THEN_ELSE 语句,它可以引出两个分支,如图 5.1(a) 所示。对于两路分支,有一种特殊情况:如果满足判定条件,转去执行程序段 1;否则就顺序执行下去,即没有程序段 2,有些书上称之为单分支结构,如图 5.1(b) 所示。多路分支类似于高级语言中的 CASE 语句,它可以引出多个分支,如图 5.2 所示。

　　下面通过举例来分别说明两路分支和多路分支程序的设计方法。

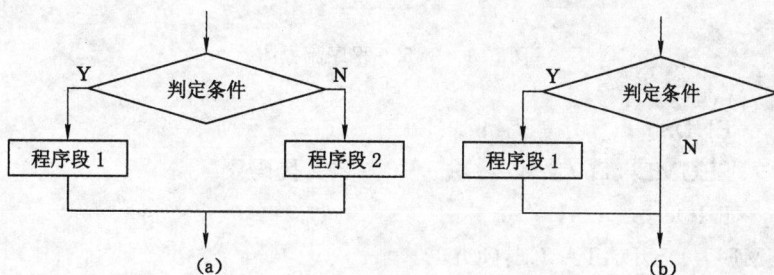

图 5.1　两路分支结构示意图
(a) 两路分支结构 1;(b) 两路分支结构 2

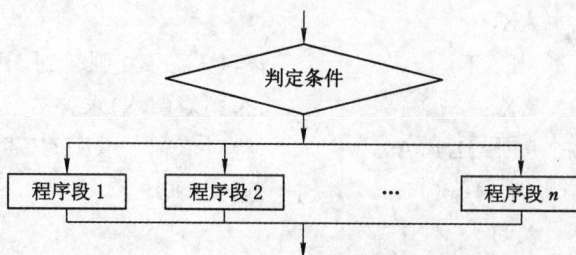

图 5.2　多路分支结构示意图

5.2.2　两路分支程序设计

　　【例 5.6】　已知在存储器数据段中有一字单元 NUM,存有带符号数据,要求计算出它的绝对值后,放入 RESULT 单元中。

　　分析:如果 NUM 是一个非负数,则其绝对值就是它本身;如果 NUM 是一个负数,则只要对其进行求补运算或用 0 减去该数即可。流程图如图 5.3 所示。

　　编写程序如下:

```
DATA    SEGMENT              ;定义数据段
  NUM      DW   -100
  RESULT   DW   ?
```

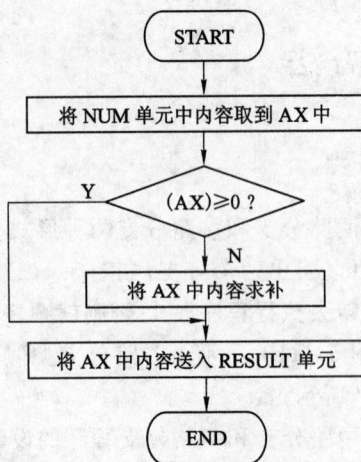

图 5.3　例 5.6 程序流程图

```
DATA      ENDS
CODE      SEGMENT                    ;定义代码段
MAIN      PROC     FAR
  ASSUME   DS:DATA,CS:CODE
START：MOV   AX,DATA                 ;数据段段地址装入 DS
       MOV   DS,AX
       MOV   AX,NUM                  ;NUM 单元中数据送入 AX
       CMP   AX,0
       JNL   NEXT                    ;若(AX)≥0 则转到 NEXT
       NEG   AX                      ;否则对(AX)求补
  NEXT：MOV   RESULT,AX              ;绝对值存入 RESULT 单元
       MOV   AX,4C00H                ;返回 DOS
       INT   21H
MAIN      ENDP
CODE      ENDS
          END   START               ;源程序结束
```

【例 5.7】　设有单字节无符号数 X、Y 和 Z,若 X+Y>255,则求 X+Z,否则求 X−Z,运算结果存入 F1 中。X、Y、Z、F1 均为字节变量。

分析:因为 X 和 Y 均为无符号数,所以当 X+Y>255 时则会产生进位(即 CF=1),所以可以借助于进位标志来判断。流程图如图 5.4 所示。

编写程序如下:
```
DATAREA    SEGMENT                  ;定义数据段
  X DB  10
  Y DB  20
  Z DB  30
```

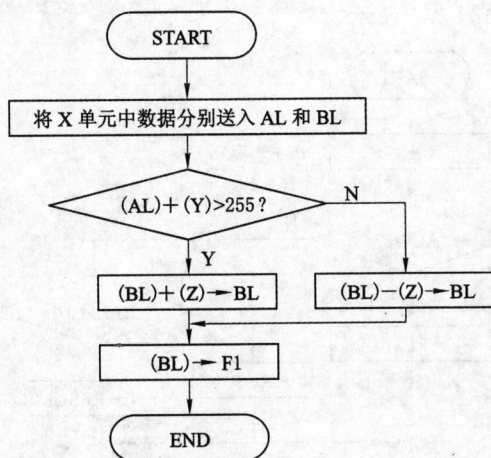

图 5.4　例 5.7 程序流程图

```
    F1  DB    ?
DATAREA       ENDS
CODEREA       SEGMENT                  ;定义代码段
MAIN          PROC        FAR
   ASSUME  DS:DATAREA,CS:CODEREA
START：  MOV   AX,DATAREA              ;数据段段地址装填
         MOV   DS,AX
         MOV   AL,X                    ;(X)送 AL 和 BL
         MOV   BL,AL
         ADD   AL,X
         JC    NEXT                    ;(X)+(Y)>255 转 NEXT
         SUB   BL,Z                    ;做 X-Z
         JMP   EXIT                    ;跳转到 EXIT
NEXT：   ADD   BL,Z                    ;做 X+Z
EXIT：   MOV   F1,BL                   ;保存结果
         MOV   AX,4C00H                ;返回 DOS
         INT   21H
MAIN     ENDP
         END   START
```

5.2.3　多路分支程序设计

【例 5.8】　编制一个程序,判断变量 X 的正负。如果 X 是正数,则将 1 送入 RESULT
单元;如果 X 是负数,则将 -1 送入 RESULT 单元;如果是 0,则将 0 送入 RUSULT 单元。
X 为 8 位带符号数。

分析:这是一个 3 路分支结构。在判定时,将 X 与 0 比较,若 X>0 则将 RESULT 单元
置为 1;否则(即 X≤0),判定 X 是否等于 0,若 X=0,则将 RESULT 单元置为 0,否则置为

—1(即 X＜0)。流程图如图 5.5 所示。

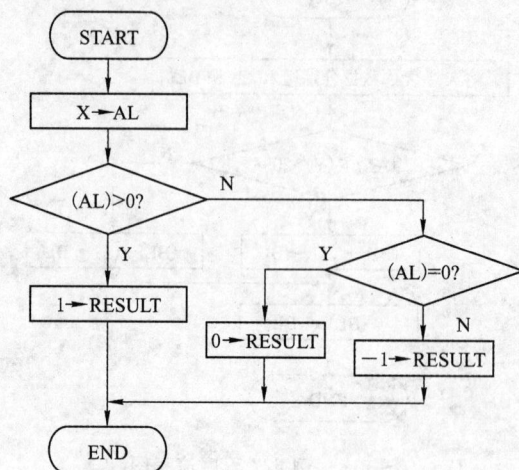

图 5.5　例 5.8 程序流程图

编写程序如下：

```
DSEG      SEGMENT                    ;定义数据段
   X          DB    —25
   RESULT  DB    ?
DSEG      ENDS
CSEG      SEGMENT                    ;定义代码段
MAIN     PROC    FAR
   ASSUME  DS:DSEG,CS:CSEG
START:   MOV    AX,DSEG              ;数据段段地址装填
           MOV    DS,AX
           MOV    AL,X                ;(X)→AL
           CMP    AL,0                ;X 与 0 进行比较
           JLE    NEXT1               ;小于等于 0 则跳转到 NEXT1
           MOV    RESULT,1            ;1→RESULT
           JMP    EXIT                ;转退出程序处
NEXT1：   JL     NEXT2               ;小于 0 则跳转到 NEXT2
           MOV    RESULT,0            ;0→RESULT
           JMP    EXIT                ;转退出程序处
NEXT2：   MOV    RESULT,—1           ;—1→RESULT
EXIT：    MOV    AX,4C00H            ;返回 DOS
           INT    21H
MAIN     ENDP
CODE      ENDS
           END    START               ;结束源程序
```

例 5.8 利用条件转移指令与 JMP 指令相结合的方法对 3 路分支进行逻辑分解。事实上,多路分支结构的程序设计都可以用上述方法来实现。此外,在实现多路分支结构的程序设计中,还可以采用地址表法。

【例 5.9】　定义一个名为 GRADE 的数组,里面存放有 30 个学生某门功课的成绩。编写一程序,统计位于 100,90~99,80~89,70~79,60~69 以及 60 分以下的 6 个分数段的学生数。

编写程序如下:

```
DATA     SEGMENT
  GRADE    DB  100,65,89,…,53       ;学生成绩
  S0       DB  0                    ;60 分以下人数
  S1       DB  0                    ;60~69 分人数
  S2       DB  0                    ;70~79 分人数
  S3       DB  0                    ;80~89 分人数
  S4       DB  0                    ;90~99 分人数
  S5       DB  0                    ;100 分人数
  A_TAB    DW  A0,A1,A2,A3,A4,A5    ;地址表
  NUM      EQU S0-GRADE             ;学生数
DATA     ENDS
CODE     SEGMENT
MAIN     PROC    FAR
  ASSUME  DS:DATA,CS:CODE
START:  MOV  AX,DATA
        MOV  DS,AX
        MOV  SI,OFFSET  GRADE
        MOV  CX,NUM                 ;循环次数
        MOV  DH,10
NGRADE: MOV  AL,[SI]
        MOV  AH,0                   ;AL 扩展到 AX
        DIV  DH                     ;商在 AL 中
        SUB  AL,5                   ;成绩编成 5,4,3,2,1,0 六个档次
        JNC  GADDR                  ;无借位则转去取分支地址
        MOV  AL,0                   ;60 分以下档次均为 0
GADDR:  MOV  AH,0
        ADD  AL,AL                  ;编号乘以 2
        MOV  BX,AX
        JMP  A_TAB[BX]              ;转移到相应分支
A0:     INC  S0
        JMP  EXT
A1:     INC  S1
```

```
        JMP    EXT
A2：    INC    S2
        JMP    EXT
A3：    INC    S3
        JMP    EXT
A4：    INC    S4
        JMP    EXT
A5：    INC    S5
EXT：   INC    SI              ;地址加1,取下一个成绩
        DEC    CX
        JNZ    NGRADE
        MOV    AX,4C00H        ;返回 DOS
        INT    21H
MAIN    ENDP
CODE    ENDS
        END    START
```

地址表是一种很有用的分支程序设计方法,希望读者能通过所举例子掌握要领,灵活运用。

习　题

5.1　指令 JMP　FAR　PTR NEXT 属于_____。

A. 段内直接寻址　　　　　　　　　B. 段内间接寻址

C. 段间直接寻址　　　　　　　　　D. 段间间接寻址

5.2　指令 JMP　BX 转移的目标地址是偏移量为_____。

A. IP+BX 的内容　　　　　　　　　B. BX 的内容

C. IP+BX 所指向的内存字单元的内容

D. BX 所指向的内存字单元的内容

5.3　当一个带符号数大于 0FBH 时程序转移,需选用的条件转移指令是_____。

A. JLE　　　　　　　B. JNL　　　　　　　C. JNLE　　　　　　　D. JL

5.4　条件转移指令 JB 产生程序转移的条件是_____。

A. CF=1　　　B. CF=0　　　C. CF=1 且 ZF=1　　　D. CF=1 且 ZF=0

5.5　编写分支程序,在进行条件判断前,可用指令构成条件,下列指令中不能形成条件的是_____。

A. CMP　　　　　　B. SUB　　　　　　C. AND　　　　　　D. MOV

5.6　在代码段中偏移地址为 061EH 单元内有一条二字节指令 JMP　SHORT　OBJ,如果其中位移量为以下三种值,试问转向地址 OBJ 的值是多少?

①25H　　　　　　　　②4AH　　　　　　　　③0B7H

5.7　分析下列程序段并回答问题。

```
        CMP     AX,BX
        JGE     NEXT
        XCHG    AX,BX
NEXT:CMP        AX,CX
        JGE     DONE
        ...

DONE:
```

试问：① 程序段执行后，原 AX,BX 和 CX 中的最大数在哪个寄存器中？

　　　② 这 3 个数是带符号数还是无符号数？

5.8　试分析下列程序段：

```
ADD     AX,BX
JNO     L1
JNC     L2
SUB     AX,BX
JNC     L3
JNO     L4
JMP     SHORT   L5
```

如果 AX 和 BX 的内容给定如下：

① 147BH 和 80DCH　　　　② 0B568H 和 54B7H

③ 42C8H 和 608DH　　　　④ 0D023H 和 9FD0H

试问该程序执行完后，程序转向哪里？

5.9　已知（DS）＝3000H，（CS）＝1000H，（SI）＝2000H，（BX）＝1000H，（DI）＝4000H，（2000H）＝0F34H，（2002H）＝8605H，（3000H）＝4598H，（3002H）＝1000H，（5000H）＝8A4CH，（5002H）＝7900H，试问下列每条指令执行完后 CS 和 IP 寄存器的内容。

① JMP　SI　　　　　　　② JMP　［SI］

③ JMP　［BX］［SI］　　　④ JMP　DWORD PTR［BX］［SI］

5.10　试编写一程序，对键盘输入的小写字母用大写字母显示出来。

5.11　试编写一程序，从键盘上接收一个小写字母，然后找出它的前导字符和后续字符，再按顺序显示这三个字符。

5.12　试编写一程序，判断带符号字变量 X 的正负，若为正数，则 X 置为 1，若为负数，则 X 置为－1。

5.13　试编写一程序，测试 Y 字节变量中的字符。若为数字字符，则显示 NUMBER；若为大写字母，则显示 BIGCHAR；若为小写字母，则显示 SMALLCHAR；否则显示 OTHERS。

5.14　设在 A、B 和 C 单元中分别存放着三个数。若三个数都不是 0，则求出三个数的和并存放在 D 单元中；若其中有一个数为 0，则把其他两个单元也清零。请编写此程序。

5.15　已定义了两个整数变量 A 和 B,试编写程序完成下列功能:

① 若两个数中有一个是奇数,则将奇数存入 A 中,偶数存入 B 中;

② 若两个数均为奇数,则将两数均加 1 后存回原变量;

③ 若两个数均为偶数,则两个变量均不改变。

5.16　试编写一程序,对两个双精度的带符号数进行比较。若两数相等,则将该数求补,结果存入 N 单元。若两数不相等,则将小的双精度数乘以 2,结果存入 M 单元;大的双精度数除以 2,结果存入 D 单元。

5.17　试编写一程序,根据 AL 寄存器中哪一位为 1,转到 8 个不同的分支中去。

第 6 章　循环程序设计

在程序设计中,根据条件重复执行一段指令序列就构成了循环程序结构。例如第 5 章例 5.9 通过逐个分析每一名学生的成绩来统计各分数段的学生数,就是一段循环结构,循环的控制是通过条件转移指令来实现的。为了使循环结构的实现更加简便,指令系统还提供了一组专门用于循环结构的循环控制指令。

6.1　循环控制指令

类似于条件转移指令,循环控制指令也有测试条件,如果满足测试条件,则转移到指令中指定的目标地址继续执行循环;如果不满足测试条件,则退出循环,按照顺序执行下一条指令。循环控制指令与条件转移指令一样,只提供段内短转移格式,即转移范围为$-128\sim+127$ 个字节。另外,循环控制指令不影响条件标志位。

(1) LOOP(loop)循环指令

指令格式:LOOP　<标号>

测试条件:$(CX)\neq0$

执行操作:

① $(CX)\leftarrow(CX)-1$;

② 若$(CX)\neq0$,则转到标号所指位置继续执行循环;否则退出循环,按照顺序执行循环指令下一条指令。

(2) LOOPZ/LOOPE(loop while zero or equal)当为零或相等时循环指令

指令格式:LOOPZ/LOOPE　<标号>

测试条件:$(CX)\neq0$ 且 ZF=1

执行操作:

① $(CX)\leftarrow(CX)-1$;

② 若$(CX)\neq0$ 且 ZF=1,则转到标号所指位置继续执行循环;否则退出循环,顺序执行循环指令下一条指令。

(3) LOOPNZ/LOOPNE(loop while nonzero or not equal)当不为零或不相等时循环指令

指令格式:LOOPNZ/LOOPNE　<标号>

测试条件:$(CX)\neq0$ 且 ZF=0

执行操作:

① $(CX)\leftarrow(CX)-1$;

② 若$(CX)\neq0$ 且 ZF=0,则转到标号所指位置继续执行循环;否则退出循环,顺序执行循环指令下一条指令。

【例 6.1】 求一首地址为 BUFFER 的 N 字节数组的内容之和(不考虑溢出),结果存入 SUM 单元中。程序段如下:

```
            MOV   CX,N              ;循环次数送入 CX
            MOV   AL,0              ;累加器 AX 置初始值为零
            LEA   BX,BUFFER         ;数组首地址送入 BX
AGAIN：     ADD   AL,[BX]           ;将 BX 指向的数据加到 AL 中
            INC   BX                ;使 BX 指向下一个数据
            LOOP  AGAIN             ;如果(CX)≠0 转到 AGAIN 继续循环
            MOV   SUM,AL            ;数组和存入 SUM 单元
```

其中,LOOP AGAIN 指令等价于以下两条指令:

```
DEC   CX
JNZ   AGAIN
```

【例 6.2】 在一长度为 L 的字符串数组 SRING 中查找字符 E。若找到则显示 Y,未找到则显示 N。程序段如下:

```
              MOV   CX,L              ;循环次数送入 CX
              MOV   AL,'E'            ;字符 E 的 ASCII 码送入 AL
              MOV   SI,-1             ;-1 送入 SI
LOOP_START：  INC   SI                ;SI 自加 1
              CMP   AL,STRING[SI]     ;将字符 E 与 SI 指向的字符比较
              LOOPNZ LOOP_START       ;如果(CX)≠0 且 ZF=0,则继续循环
              JNZ   NOT_FOUND         ;如果未找到则转到 NOT_FOUND
              MOV   DL,'Y'            ;显示字符 Y,表示找到
              JMP   NEXT
NOT_FOUND：   MOV   DL,'N'            ;显示字符 N,表示未找到
NEXT：        MOV   AH,2              ;功能号 02H 送入 AH
              INT   21H               ;显示 DL 中的字符
```

6.2　循环程序设计方法

6.2.1　循环程序的结构形式

循环程序可以有两种结构形式,如图 6.1 所示。一种是 DO_WHILE 结构形式,另一种是 DO_UNTIL 结构形式。DO_WHILE 结构把对循环控制条件的判断放在循环的入口,先判断条件,满足条件就执行循环体,否则就退出循环。DO_UNTIL 结构则先执行循环体,然后再判断控制条件,不满足条件则继续执行循环操作,一旦满足条件则退出循环。这两种结构可以根据具体情况选择使用。

通常情况下,不论是哪种结构,循环程序都有三个组成部分,即循环初始化部分、循环体和循环控制部分。

(1)循环初始化部分。初始化循环控制变量、循环体所用到的变量,为循环程序做准备

工作。

(2) 循环体。循环体是循环程序的主体,由循环工作部分和修改部分组成。循环工作部分是为了完成程序功能而设计的主要程序段;循环修改部分是为了保证每次循环时,参加执行的信息能发生有规律变化而建立的程序段。

(3) 循环控制部分。循环控制部分指选择一个循环控制条件来控制循环的运行和结束。合理地选择循环控制条件是循环程序设计的关键,一般情况下,常用循环控制方法有两种:计数控制法和条件控制法。计数控制法是当循环次数已知时,用已知的循环次数来控制循环的执行;条件控制法是当循环次数不确定时,根据某个条件的成立与否来控制循环的执行。

依据循环结构的复杂程度,循环结构又分为单重循环结构与多重循环结构。

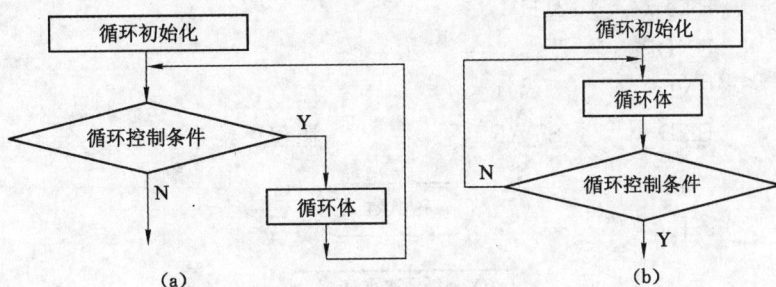

图 6.1　循环程序的结构形式
(a) DO_WHILE 结构;(b) DO_UNTILE 结构

6.2.2　单重循环程序设计

【例 6.3】　在一首地址为 ARRAY 的数组中,存有 N 个带符号的字节数。试编写一段程序,从该数组中找出最小数并送入 MIN 单元中。

分析:首先将数组中第一个数送入 AL 寄存器。然后与数组中其余数据依次进行比较,每次比较时,如果 AL 中数较大,则将数组中相应的数送入 AL,接着比较下一个数;否则,直接比较下一个数。比较完成后,AL 中的数据就是整个数组中的最小数,比较的总次数为 N−1 次(即次数循环)。流程图如图 6.2 所示。

编写程序如下:

```
DSEG      SEGMENT                    ;定义数据段
ARRAY     DB  15,−12,0,…,45
  N       DB   $−ARRAY
 MIN      DB   ?
DSEG      ENDS
CSEG      SEGMENT                    ;定义代码段
MAIN      PROC    FAR
   ASSUME  DS:DSEG,CS:CSEG
START:    MOV      AX,DSEG           ;数据段段地址装填
          MOV      DS,AX
          MOV      CX,N−1            ;循环次数送入 CX
```

```
            LEA       BX,ARRAY          ;数组首地址送入 BX
            MOV       AL,[BX]           ;数组第一个数送入 AL
AGAIN：     INC       BX                ;循环主体
            CMP       AL,[BX]
            JNL       NEXT
            MOV       AL,[BX]
NEXT：      LOOP      AGAIN             ;循环控制
            MOV       MIN,AL            ;保存结果
            MOV       AX,4C00H          ;返回 DOA
            INT       21H
MAIN        ENDP
CODE        ENDS
            END       START             ;源程序结束
```

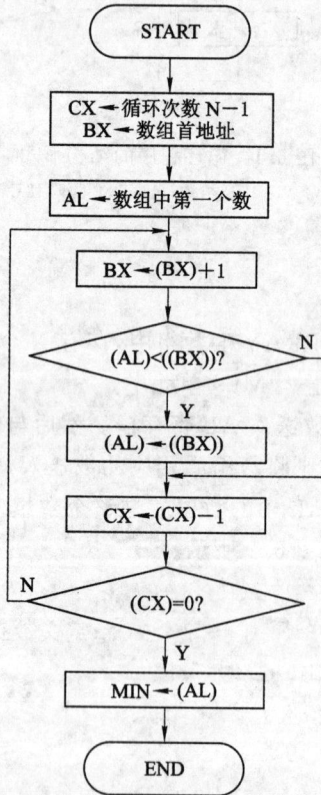

图 6.2 例 6.3 程序流程图

【例 6.4】 试编写一个程序将 BX 寄存器的二进制数用十六进制数的形式在屏幕上显示出来。

分析:依据题意,应该把 BX 的内容从左到右以每四位为一组在屏幕上显示出来,显然可以用循环结构来实现,每次循环显示一个十六进制数位,因而循环次数是已知的,即为 4。

循环体中则应包括从二进制到所显示字符的 ASCII 码之间的转换,以及每个字符的显示。后者可以用 DOS 功能调用来实现。前者采用循环移位把所要显示的 4 位二进制数移到最右端,以便做数字到字符的转换工作。在转换中,由于数字 0~9 的 ASCII 码值为 30H~39H,而字母 A~F 的 ASCII 码值为 41H~46H,所以在把 4 位二进制数加上 30H 后还需作一次判断,如果为字符 A~F,则还应加上 7 才能显示出正确的十六进制数。程序流程图如图 6.3 所示。

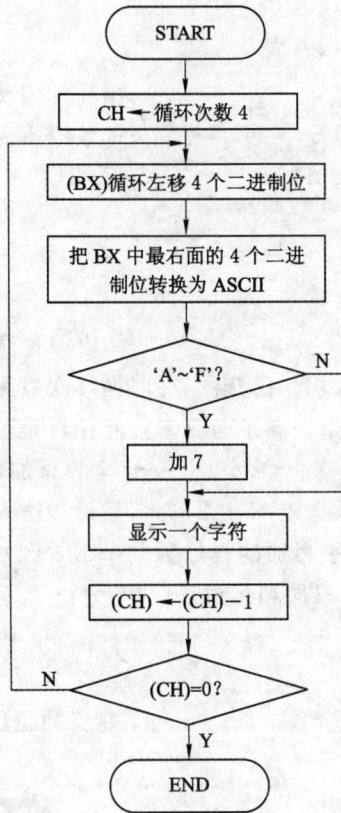

图 6.3　例 6.4 程序流程图

编写程序如下:

```
CODE      SEGMEN                        ;定义代码段
MAIN      PROC      FAR
  ASSUME  CS:CODE
START:
          MOV       CH,4                ;初始化循环次数
ROTATE:
          MOV       CL,4                ;设置移位位数
          ROL       BX,CL               ;BX 内容循环左移 4 位
          MOV       AL,BL               ;取 BX 低字节
          AND       AL,0FH              ;屏蔽高 4 位
```

```
            ADD    AL,30H            ;转换为 ASCII 码
            CMP    AL,3AH
            JL     PRINT
            ADD    AL,7              ;是字符 A~F
    PRINT：
            MOV    DL,AL             ;显示字符的 DOS 功能调用
            MOV    AH,2
            INT    21H
            DEC    CH                ;循环计数减 1
            JNZ    ROTATE            ;计数器不为 0 继续执行循环
            MOV    AX,4C00H          ;返回 DOS
            INT    21H
    MAIN  ENDP
    CODE  ENDS
            END    START             ;结束源程序
```

上述两道例题中的循环次数均是已知的,有时循环次数无法事先确定,但与问题的某些条件有关,这时就应根据给定的条件满足与否来控制循环是否结束。

【例 6.5】 试编写一段程序求 $1+2+3+\cdots+N$ 的累加和,直到累加和超过 10 000 为止。统计被累加的自然数的个数送入 NUM 单元,累计和送入 SUM 单元。

分析:从题意根本无法推知被累加的自然数的个数,所以循环次数是未知的。但是,题目中给出了累加的停止条件(即累加和超过 10 000 为止),可以依此作为循环的停止条件。流程图如图 6.4 所示。

编写源程序如下:

```
DATA    SEGMENT                   ;定义数据段
   NUM  DW   ?
   SUM  DW   ?
DATA    ENDS
CODE    SEGMENT                   ;定义代码段
MAIN    PROC    FAR
   ASSUME  DS:DATA,CS:CODE
START：MOV  AX,DATA                ;数据段段地址装填
        MOV  DS,AX
        MOV  AX,0                 ;累计和寄存器 AX 置初值 0
        MOV  CX,0                 ;计数寄存器 CX 置初值 0
LOP：   INC  CX                   ;循环主体
        ADD  AX,CX
        CMP  AX,10000
        JBE  LOP                  ;循环控制
        MOV  NUM,CX               ;保存结果
```

```
          MOV   SUM,AX
MAIN   ENDP
CODE   ENDS
          END   START                    ;源程序结束
```

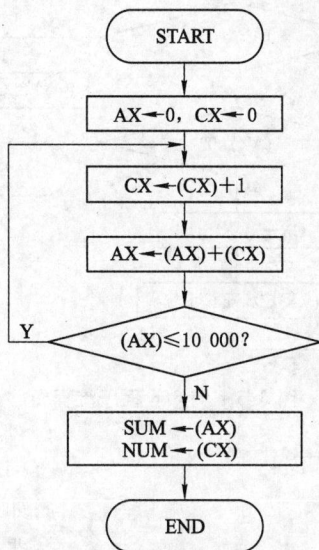

图 6.4　例 6.5 程序流程图

【例 6.6】　试编写一段程序,统计存于 NUMBER 单元中数据含 1 的个数,并将结果存于 COUNT 单元中。

分析:要统计 NUMBER 单元中数据含 1 的个数,一种方法是根据最高有效位是否为 1 来计数,用移位的方法把数中每一位移到最高位位置并分析,这样可以用数中二进制位数作为循环结束条件。另一种方法是结合上述移位分析的方法,用测试数是否为 0 作为循环结束条件。显然,在很多情况下,第二种方法与第一种相比可以缩短程序的执行时间。流程图如图 6.5 所示。

编写程序如下:

```
DATA         SEGMENT                    ;定义数据段
   NUMBER   DW  0F5C6H
   COUNT     DW  ?
DATA     ENDS
CODE     SEGMENT                    ;定义代码段
MAIN    PROC    FAR
   ASSUME  DS:DATA,CS:CODE
START:MOV   AX,DATA                  ;数据段段地址装填
       MOV   DS,AX
       MOV   AX,NUMBER              ;测试数送入 AX
       MOV   CX,0                   ;计数器 CX 初始为 0
```

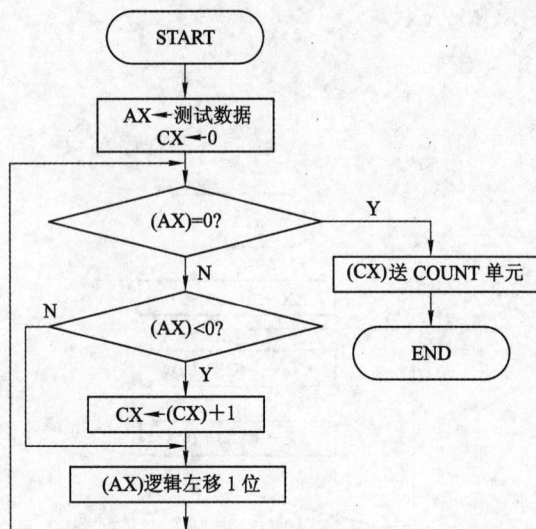

图 6.5　例 6.6 程序流程图

```
AGAIN：TEST    AX,0FFFFH                ;测试是否为 0
        JZ      EXIT                     ;如果为 0 则退出
        JNS     NEXT                     ;非负则转到 NEXT
        INC     CX                       ;为负,CX 自加 1
NEXT：SHL      AX,1                      ;次高位移到最高位
        JMP     AGAIN
EXIT：MOV       COUNT,CX                 ;保存统计结果
        MOV     AX,4C00H                 ;返回 DOS
        INT     21H
MAIN   ENDP
CODE   ENDS
        END    START                     ;源程序结束
```

6.2.3　多重循环程序设计

多重循环是指循环体内嵌套循环结构,外层的循环称为外循环,内层的循环称为内循环。在多重循环程序设计时,首先要分清每层循环的任务和要求,然后分别考虑每层循环的控制条件和程序实现。一般可以从外循环到内循环一层一层进行,每次从外循环进入内循环时,必须重新设置内循环的初始条件。

【例 6.7】　有一个首地址为 BUFF 的 N 字数组,编制程序使该数组中的数按照从大到小的次序排序。要求分别用选择排序法和冒泡排序法实现。

(1) 选择排序法

分析:第一轮排序时,第一个单元的数依次与该数后面的每一个数比较,并将大数交换到第一个单元中,比较到最后一个数为止。第一轮排序的结果是使第一个单元中换为最大数。第二轮排序时,第二个单元的数依次与该数后面的数相比,同样地,比较完最后一个数时,使第二个单元中换为次大数。对于 N 个数类似地完成 $N-1$ 轮排序,使 N 个数从大到小以递减顺序排列。这样的排序问题需要用二重循环解决,外循环控制排序轮数,内循环具体完成一轮排序。流程图如图 6.6 所示。

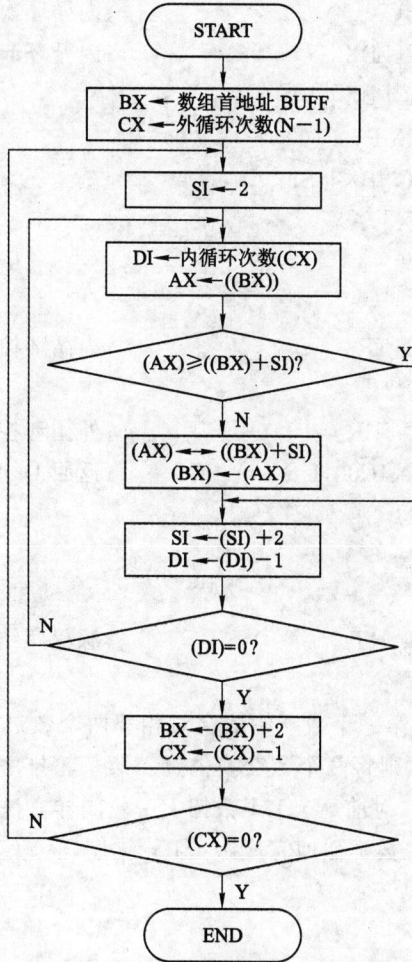

图 6.6　例 6.7 选择排序法流程图

编写程序如下:

```
DATA        SEGMENT              ;定义数据段
    BUFF    DW   15,25,56,…,20
    N       EQU  $－BUFF
DATA        ENDS
CODE        SEGMENT              ;定义代码段
MAIN    PROC    FAR
   ASSUME  DS:DATA,CS:CODE
START: MOV     AX,DATA          ;数据段段地址装填
       MOV     DS,AX
```

```
        LEA     BX,BUFF              ;数组首地址送入 BX
        MOV     CX,N-1               ;外循环次数送入 CX
OUTER:  MOV     SI,2                 ;外循环起点
        MOV     DI,CX                ;内循环次数送入 DI
INNER:  MOV     AX,[BX]              ;内循环起点
        CMP     AX,[BX][SI]
        JGE     NEXT
        XCHG    AX,[BX][SI]
        MOV     [BX],AX
NEXT:   ADD     SI,2
        DEC     DI
        JNZ     INNER                ;内循环控制
        ADD     BX,2
        LOOP    OUTER                ;外循环控制
        MOV     AX,4C00H             ;返回 DOS
        INT     21H
MAIN    ENDP
CODE    ENDS
        END     START               ;源程序结束
```

（2）冒泡排序法

分析：第一轮排序时，从第一个数开始依次对相邻两个数进行比较。如果次序对，则不做任何操作；如果次序不对，则将两个数交换位置。第一轮排序的结果是使第 N 个单元中换为最小数。第二轮排序时，对前 $N-1$ 个数按上一轮同样方法处理，结果使第 $N-2$ 个单元中换为次小数。对于 N 个数类似地完成 $N-1$ 轮排序，使 N 个数从大到小按照递减顺序排列。流程图如图 6.7 所示。

编写程序如下：

```
DATA    SEGMENT                      ;定义数据段
  BUFF  DW  15,25,56,…,20
  N     EQU  $-BUFF
DATA    ENDS
CODE    SEGMENT                      ;定义代码段
MAIN    PROC    FAR
  ASSUME  DS:DATA,CS:CODE
START:MOV     AX,DATA                ;数据段段地址装填
      MOV     DS,AX
      MOV     CX,N-1                 ;外循环次数送入 CX
OUTER:LEA     BX,BUFF                ;数组首地址送入 BX
      MOV     DI,CX                  ;内循环次数送入 DI
INNER:MOV     AX,[BX]
```

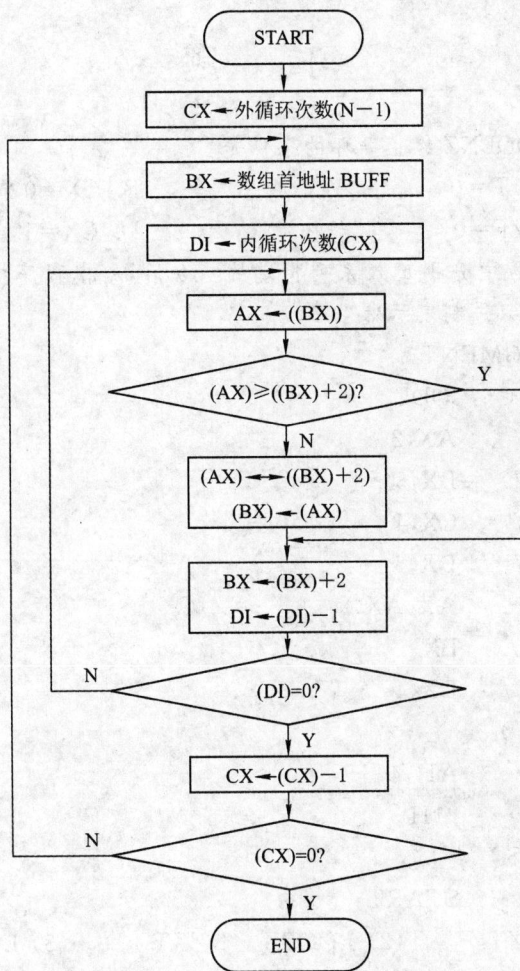

图 6.7 例 6.7 冒泡排序法流程图

```
       CMP     AX,[BX+2]
       JGE     NEXT
       XCHG    AX,[BX+2]
       MOV     [BX],AX
NEXT：ADD     BX,2
       DEC     DI
       JNZ     INNER                  ;内循环控制
       LOOP    OUTER                  ;外循环控制
       MOV     AX,4C00H               ;返回 DOS
       INT     21H
MAIN   ENDP
CODE   ENDS
       END     START                  ;源程序结束
```

习　　题

6.1　循环指令 LOOPNZ 终止循环的条件是＿＿＿＿＿。

　　A. CX＝0 且 ZF＝0　　　　　　　　B. CX＝0 或 ZF＝1

　　C. CX＝1 且 ZF＝0　　　　　　　　D. CX＝1 或 ZF＝1

6.2　在程序的括号中分别填入系列指定的指令后,给出程序执行后寄存器 AX,BX,CX 和 DX 中内容(用十六进制表示)。

```
CODE    SEGMENT
  ASSUME  CS:CODE
START:MOV    AX,2
      MOV    BX,3
      MOV    CX,4
      MOV    DX,5
NEXT: ADD    AX,AX
      MUL    BX
      SHR    DX,1
      (    )
      MOV    AH,4CH
      INT    21H
CODE    ENDS
      END    START
```

(1) LOOP　　NEXT　　　(2) LOOPZ　NEXT　　　(3) LOOPNZ　NEXT

6.3　已知 BUF 开始的数据区中存放有 10 个英文字母,试编写一段程序,将其中的小写字母全部转换成大写字母。

6.4　已知有一个首地址为 ARRAY 的 N 个字数组,试编写一段程序,求出该数组的平均值,并把结果存储到 AVERAGE 单元中。

6.5　已知数据段中定义两个长度相等的字节数组 ARRAY1 和 ARRAY2,试编写一段程序,求上述两个数组的和(不考虑溢出),并将结果存入另一数组 SUM 中。

6.6　在字符串变量 STRING 中存有一个以 $ 为结尾的 ASCII 码字符串,试编写一段程序,求出该字符串的长度,并将结果存入 RESULT 单元中。

6.7　编制一个数据块移动程序。

(1)给内存数据段中偏移地址为 n1 开始的连续 32 个字节单元,置入数据 00H,01H,02H,…,1FH。

(2)将内存数据段中偏移地址为 n1 的数据块传送到偏移地址为 n2 开始的连续的内存单元中去。

6.8　试编写一段程序,要求把一个长度不大于 100 的字节数据数组分成正数数组和负数数组,并分别计算两个数组中数据的个数,该数组以"＄"结束。

6.9　从键盘输入一字符串(以 ＄ 作为结束符),试编写一段程序,分类统计其中数字、字母以及其他字符数。

6.10　试编写一段程序,在一个字节数组 ARRAY 中找出第一个非零数据,如果找到,则显示第一个非零数据的下标,否则输出"NO FOUND!"。

6.11　已知数组 A 中包含 15 个互不相等的字节整数,数组 B 中包含 20 个互不相等的字节整数。试编写一段程序,将既在 A 中又在 B 中的整数存放到数组 C 中。

6.12　已知 $m \times n$ 矩阵 A 的元素按行序存放在以 BUF1 为首地址的字节存储区中,试编写一段程序,求出每行元素之和(不考虑溢出),并将其分别存放到以 BUFS 为首地址的 m 个字节存储单元中。

第7章 子程序设计

在程序设计中,我们会发现一些多次无规律且重复的程序段或语句序列。解决此类问题的一个有效方法就是将它们设计成可供反复调用的独立的子程序结构,以便在需要时调用,这样可以缩短源程序长度、节省目标程序的存储空间,也可提高程序的可维护性和共享性。在汇编语言中,子程序又称为过程。子程序结构是模块化程序设计的重要工具。

7.1 子程序的定义

子程序使用过程伪指令 PROC/ENDP 定义,其格式如下:

    子程序名 PROC [NEAR | FAR]
            …   ;子程序体
    子程序名 ENDP

对子程序定义的具体规定如下:

① 子程序名必须是一个合法的标识符,且前后要一致。

② PROC 和 ENDP 必须是成对出现的关键字,分别表示子程序定义开始和结束。

③ 子程序的类型有近(near)和远(far)之分,其缺省的类型是近类型。

④ 如果一个子程序要被另一段的程序调用,那么其类型应定义为 far,否则其类型可以是 near。显然,near 类型的子程序只能被与其同段的程序调用。

⑤ 子程序至少要有一条返回指令,也可有多条返回指令,返回指令是子程序的出口语句,但它不一定是子程序的最后一条语句。

⑥ 子程序名有三个属性:段值、偏移量和类型。其段值和偏移量对应于子程序的入口地址,其类型就是该子程序的类型。

编写子程序除了要考虑实现子程序功能的方法外,还要养成书写子程序说明信息的好习惯,其说明信息一般包括以下几个方面内容:

① 功能描述。

② 入口参数和出口参数。

③ 所用寄存器(可选项,最好采用寄存器的保护和恢复方法,使之使用透明化)。

④ 所用额外存储单元(可选项,可以减少为子程序定义自己的局部变量)。

⑤ 子程序所采用的算法(可选项,如果算法简单,可以不写)。

⑥ 调用时的注意事项(可选项,尽量避免除入口参数外还有其他的要求)。

⑦ 子程序的编写者(可选项,为将来的维护提供信息)。

⑧ 子程序的编写日期(可选项,用于确定程序是否是最新版本)。

这些说明性信息虽然不是子程序功能的一部分,但其他程序员可通过他们对该子程序的整体信息有一个较清晰认识,为准确地调用它们提供直接的帮助,与此同时,也为实现子程序的共享提供了必要的资料。

7.2　子程序的调用和返回指令

　　子程序的调用和返回是一对互逆操作,也是一种特殊的转移操作。

　　一方面,之所以说是转移,是因为当调用一个子程序时,程序的执行顺序被改变,CPU将转而执行子程序中的指令序列,在这方面,调用子程序的操作含有转移指令的功能,子程序返回指令的转移特性与此类似。

　　另一方面,转移指令是一种"一去不复返"的操作,而当子程序完成后,还要求 CPU 能转而执行调用指令之下的指令,它是一种"有去有回"的操作。

　　为了满足子程序调用和返回操作的特殊性,在指令系统中设置了相应的特定指令。

7.2.1　调用指令(CALL)

　　调用子程序指令的格式如下:

　　CALL　子程序名/Reg/Mem

　　子程序的调用指令分为近(near)调用和远(far)调用。如果被调用子程序的属性是近的,那么 CALL 指令将产生一个近调用,把该指令之后的地址的偏移量(用一个字来表示的)压栈,把被调用子程序入口地址的偏移量送给指令指针寄存器 IP 即可实现执行程序的转移。

　　如果被调用子程序的属性是远的,那么,CALL 指令将产生一个远调用。这时,调用指令不仅要把该指令之后地址的偏移量压进栈,而且也要把段寄存器 CS 的值压进栈。在此之后,再把被调用子程序入口地址的偏移量和段值分别送给 IP 和 CS,这样就完成了子程序的远调用操作。

　　子程序调用指令本身的执行不影响任何标志位,但子程序体中指令的执行会改变标志位,所以如果希望子程序的执行不能改变调用指令前后的标志位,那么就要在子程序的开始处保护标志位,在子程序返回前恢复标志位。

　　例如:

```
CALL   DISPLAY              ;DISPLAY 是子程序名
CALL   BX                   ;BX 的内容是子程序的偏移量
CALL   WORD1                ;WORD1 是内存字变量,其值是子程序的偏移量
CALL   DWORD1               ;DWORD1 是双字变量,其值是子程序的偏移量和段值
CALL   WORD PTR [BX]        ;BX 所指内存字单元的值是子程序的偏移量
CALL   DWORD PTR [BX]       ;BX 所指内存双字单元的值是子程序的偏移量和段值
```

7.2.2　返回指令(RET)

　　当子程序执行完成时,需要返回到调用它的程序之中。为实现此功能,指令系统提供了一条专用的返回指令。其格式如下:

　　RET/RETN/RETF [Imm]

子程序的返回在功能上是子程序调用的逆操作。为了与子程序的远、近调用相对应,子程序的返回也分为远返回和近返回。其具体规定如下:

(1) 在近类型的子程序中,返回指令 RET 是近返回,其功能是把栈顶之值弹出到指令指针寄存器 IP 中,栈顶指针 SP 会被加 2;

(2) 在远类型的子程序中,返回指令 RET 是远返回,其功能是先弹出栈顶之值到 IP 中,再弹出栈顶之值到 CS 之中,栈顶指针 SP 总共会被加 4;

(3) 如果返回指令后面带有立即数(其值通常为偶数),则表示在得到返回地址之后,SP 还要增加的偏移量,它不是类似于高级语言中子程序的返回值。

在 TASM 5.0 及其以后的版本中,可用指令 RETN 或 RETF 来显式地告诉汇编程序子程序的返回是近返回,还是远返回。

例如:

```
RET              ;可能是近返回,也可能是远返回
RETN             ;近返回指令
RETF             ;远返回指令
RET  6           ;子程序返回后,(SP)←(SP)＋6
```

【例 7.1】 编写一个子程序 UPPER,实现把寄存器 AL 中存放的字符变为大写。

;子程序功能:把 AL 中存放的字符变为大写

;入口参数:AL

;出口参数:AL

;算法描述:判断 AL 中的字符必须在 a~z 之间才能把该字符变为大写

```
UPPER    PROC
         CMP  AL,'a'          ;书写 a 的 ASCII 码 61H 也可以
         JB   OVER            ;书写 a 的 ASCII 码 61H 也可以
         CMP  AL,'z'
         JA   OVER
         SUB  AL,20H          ;书写指令 AND AL,0DFH 也可以
         OVER:RET
UPPER    ENDP
```

【例 7.2】 编写一个求字符串长度的子程序 STRLEN,该字符串以 0 为结束标志,其首地址存放在 DS:DX,其长度保存在 CX 中返回。

;子程序功能:求字符串的长度

;入口参数:DS:DX 存放字符串的首地址,该字符串以 0 为结束标志

;出口参数:CX 存放该字符串的长度

;算法描述:用 BX 指针来扫描字符串中的字符,如果遇到其结束标志,则停止扫描字符串操作

```
STRLEN   PROC
         PUSH  AX
         PUSH  BX              ;用堆栈来保存子程序所用到的寄存器内容
         XOR   CX,CX
```

```
            XOR     AL,AL
            MOV     BX,DX
AGAIN：     CMP     [BX],AL
            JZ      OVER
            INC     CX              ;增加字符串的长度
            INC     BX              ;访问字符串的指针向后移
            JMP     AGAIN
OVER：      POP     BX              ;恢复在子程序开始时所保存的寄存器内容
            POP     AX
            RET
STRLEN  ENDP
```

7.3 子程序的编写方法

7.3.1 子程序的调用和返回

在主程序中通过 CALL 指令调用子程序,在子程序中通过 RET 指令返回主函数。

7.3.2 寄存器的保护和恢复

在程序设计中,主程序和子程序通常是独立编写的,它们所使用的寄存器可能发生冲突,由于计算机的硬件资源只有一套,当子程序修改了寄存器的内容后,返回到调用它的程序时,这些寄存器的内容也就不会是调用子程序前的内容。从而子程序修改寄存器内容就可能变成了调用它的副作用,这种副作用常常会导致调用程序的出错。因此,在编写子程序时,除了能对作为入口参数和出口参数的寄存器进行修改外,对其他寄存器的修改对调用程序来说都必须是透明的,也就是说,在调用子程序指令的前后,除了作为入口参数和出口参数的寄存器内容可以不同外,其他寄存器的内容要保持不变。有时,也要求作为入口参数的寄存器内容保持不变。

在子程序中,保存和恢复寄存器内容的主要方法是:在子程序开始时把它所用到的寄存器压进栈,在返回前再把它们弹出栈。这样编写的好处是该子程序可以被任何其他程序来调用。在调用指令前,不需要保存寄存器,在调用指令后,也无需恢复寄存器。利用堆栈方法来保存和恢复寄存器内容的一般形式如下:

```
PROADD      PROC    NEAR 或 FAR
            PUSH AX
            PUSH BX
            PUSH CX
            PUSH DX
            …               ;子程序的处理功能语句
            POP  DX
```

```
            POP   CX
            POP   BX
            POP   AX
            RET
PROADD    ENDP
```

7.3.3 主程序和子程序之间的参数传递

子程序一般都是完成某种特定功能的程序段。当一个程序调用一个子程序时,通常都向子程序传递若干个数据让它来处理;当子程序处理完后,一般也向调用它的程序传递处理结果,称这种在调用程序和子程序之间的信息传递为参数传递。

用程序向子程序传递的参数称为子程序的入口参数,子程序向调用它的程序传递的参数称为子程序的出口参数。子程序的入口参数和出口参数都是任意项,对某个具体的子程序来说,要根据具体情况来确定其入口参数和出口参数,也可以二者都没有。

程序和被调用子程序之间的参数传递方法是程序员自己或和别人事先约定好的信息传递方法。这种信息传递方法可以是多种多样的,在本节我们只介绍常用的且行之有效的参数传递方法,包括寄存器传递参数、约定存储单元传递参数和堆栈传递参数等。如果对其他的参数传递方法感兴趣的话,可参考其他有关"汇编语言程序设计"的书籍。

7.3.3.1 寄存器传递参数

一方面,由于CPU中的寄存器在任何程序中都是"可见"的,一个程序对某寄存器赋值后,在另一个程序中就能直接使用,所以用寄存器来传递参数是最直接、最简便,也是最常用的参数传递方式。但另一方面,CPU中寄存器的个数和容量都非常有限,所以该方法适用于传递较少的参数信息。

【例7.3】 编写十进制到十六进制的转换程序。程序要求从键盘取得一个十进制数,然后把该数以十六进制形式在屏幕上显示出来。

分析:这个程序首先要将键盘输入的数字字符转换为BCD码,由子程序DECIBIN来实现。然后再把这个BCD码转换成十六进制数显示出来,由子程序BINIHEX来实现。为了避免屏幕上的重叠,用子程序CRLF实现回车换行的效果。

```
DECIHEX    SEGMENT
  ASSUME  CS:DECIHEX
MAIN    PROC    FAR
START:  CALL    DECIBIN
        CALL    CRLF
        CALL    BINIHEX
        CALL    CRLF
        MOV     AH,4CH
        INT     21H
MAIN    ENDP
;----------------------------------------
DECIBIN    PROC    NEAR
```

```
                MOV     BX,0
NEWCHAR: MOV     AH,1
                INT     21H
                SUB     AL,30H
                JL      EXIT
                CMP     AL,9
                JG      EXIT
                CBW
                XCHG    AX,BX
                ADD     BX,AX
                JMP     NEWCHAR
EXIT:           RET
DECIBIN         ENDP
;-----------------------------------------------
BINIHEX    PROC    NEAR
MOV     CH,4
ROTATE: MOV     CL,4
                ROL     BX,CL
                MOV     AL,BL
                AND     AL,0FH
                ADD     AL,30H
                CMP     AL,3AH
                JL      PRINT
                ADD     AL,7
PRINT:  MOV     DL,AL
                MOV     AH,2
                INT     21H
                JNZ     ROTATE
                RET
                BINIHEXENDP
;-----------------------------------------------
CRLF    PROC    NEAR
                MOV     DL,ODH
                MOV     AH,2
                INT     21H
                MOV     DL,OAH
                MOV     AH,2
                INT     21H
                RET
```

```
CRLF    ENDP
DECIHEX     ENDS
        END     START
```

【例 7.4】 按五位十进制的形式显示寄存器 BX 中的内容,如果 BX 的值小于 0,则应在显示数值之前显示负号"－"。

例如:(BX)=123,显示:00123;(BX)=－234,显示:－00234。

```
;子程序功能:将寄存器 BX 的内容按十进制有符号数显示出来
;入口参数:BX
;出口参数:无,只有显示信息
SubData     SEGMENT
    DB   5 DUP('0'),0Ah,0Dh,'$'        ;0Ah,0Dh:换行、回车
SubData     ENDS
DISPBX      PROC    NEAR
ASSUME  DS:SubData
        PUSH    DS
        PUSH    DX
        PUSH    CX
        PUSH    AX
        MOV     AX, SubData        ;取子程序所用的数据区段地址
        MOV     DS, AX
        CMP     BX, 0
        JGE     NEXT
        MOV     DL, '－'
        MOV     AH, 2
        INT     21H                ;显示负号"－"
        NEG     BX                 ;求－BX,使其值为正数
NEXT:   MOV     SI, 4
        MOV     AX, BX
        MOV     CX, 10D
AGAIN:  XOR     DX, DX
        IDIV    CX                 ;DX 存放余数,AX 存放商
        ADD     DL, '0'
        MOV     [SI], DL
        DEC     SI
        JGE     AGAIN
        XOR     DX, DX
        MOV     AH, 9
        INT     21H                ;调用中断 21H 的功能 9,显示 DS:DX 指
                                   向的字符串
```

```
        POP     AX
        POP     CX
        POP     DX
        POP     DS
        RET
DISPBX  ENDP
```

7.3.3.2 约定存储单元传递参数

在调用子程序时,当需要向子程序传递大量数据时,因受到寄存器容量的限制,就不能采用寄存器传递参数的方式,而要改用约定存储单元的传递方式。这种参数传递方式有点像情报人员和联络人员之间的传递信息方式,一个向指定地点放情报,另一个从指定地点取情报。

采用约定存储单元传递参数的例子,所处理的数据不是直接传给子程序,而是将存储它们的地址告诉子程序。

【例 7.5】 编写一个子程序分类统计出一个字符串中数字字符、字母和其他字符的个数。该字符串的首地址用 DS:DX 来指定(以 0 为字符串结束),各类字符个数分别存放在 BX,CX 和 DI 中。

```
;子程序功能:分类统计出字符串中数字字符、字母和其他字符的个数
;入口参数:DS:DX 指向被统计的字符串
;出口参数:BX,CX 和 DI 分别保存数字字符、字母和其他字符的个数
COUNT   PROC    NEAR
        PUSH    AX
        PUSH    SI
        XOR     BX,BX
        XOR     CX,CX
        XOR     DI,DI          ;以上三条指令使各类字符计数清零
        MOV     SI,DX
AGAIN:  MOV     AL,[SI]
        INC     SI
        CMP     AL,0
        JL      OVER
        CMP     AL,'0'
        JL      OTHER
        CMP     AL,'9'
        JG      NEXT
        INC     BX
        JMP     AGAIN
NEXT:   CALL    UPPER          ;调用 UPPER 子程序先把小字字母变成
                                  大写字母
        CMP     AL,'A'
```

```
                JL          OTHER
                CMP         AL,'Z'
                JG          OTHER
                INC         CX
                JMP         AGAIN
OTHER：         INC         DI
                JMP         AGAIN
OVER：          POP         SI
                POP         AX
                RET
COUNT           ENDP
UPPER           PROC
                CMP         AL,'a'
                JB          over
                CMP         AL,'z'
                JA          over
                SUB         AL,20H
over：
                RET
UPPER           ENDP
```

;显示出任意字符串中数字字符、字母和其他字符的个数

```
. MODEL         SMALL
. DATA
    MSG DB    'KSDJ L0984/[]3oiu OIU OIU ( * &(5341', 0
. CODE
. STARTUP
                LEA         DX,MSG        ;DS:DX 指向待统计的字符串
                CALL        COUNT         ;调用子程序统计出各类字符的个数
                CALL        DISPBX        ;调用子程序显示数字字符的个数(例 7.4)
                MOV         BX,CX
                CALL        DISPBX        ;调用子程序显示字母的个数
                MOV         BX,DI
                CALL        DISPBX        ;调用子程序显示其他字符的个数
. EXIT
END
```

7.3.3.3 堆栈传递参数

堆栈是一个特殊的数据结构,它通常是用来保存程序的返回地址。当用它来传递参数时,势必会造成数据和返回地址混合在一起的局面,用起来要特别仔细。

具体做法如下：

（1）当用堆栈传递入口参数时，要在调用子程序前把有关参数依次压栈，子程序从堆栈中取得入口参数；

（2）当用堆栈传递出口参数时，要在子程序返回前，把有关参数依次压栈（这里还需要额外操作，要保证返回地址一定在栈顶，因此子程序结束时的 RET 指令应使用带常数的返回指令，以便返回主程序后，堆栈能恢复原始状态不变），调用程序就可以从堆栈中取得出口参数。

【例 7.6】　用子程序 PROADD 累加数组中的所有元素，并把和（不考虑溢出的可能性）送到指定的存储单元中去。

```
PARM      SEGMENT                  ;定义数据段
  ARY     DW  100 DUP(?)
  COUNT   DW  100
  SUM     DW  ?
PARM      ENDS
STACK     SEGMENT                  ;定义堆栈段
          DW 100 DUP(?)
TOS       LABEL  WORD
STACK     ENDS
CODE1     SEGMENT                  ;定义代码段
MAIN      PROC     FAR
  ASSUME  CS:CODE1,DS:PARM,SS:STACK
START:    MOV    AX,STACK
          MOV    SS,AX
          MOV    SP,OFFSET TOS
          PUSH   DS
          SUB    AX,AX
          PUSH   AX
          MOV    AX,PARM
          MOV    DS,AX
          MOV    BX,OFFSET ARY
          PUSH   BX
          MOV    BX,OFFSET COUNT
          PUSH   BX
          MOV    BX,OFFSET SUM
          CALL   FAR  PTR  PROADD
          RET
MAIN      ENDP
CODE1     ENDS
CODE2     SEGMENT
```

```
       ASSUME    CS:CODE2
       PROADD    PROC    FAR
                 PUSH    BP
                 MOV     BP,SP              ;用 BP 作为指针
                 PUSH    AX
                 PUSH    CX
                 PUSH    SI
                 PUSH    DI
                 MOV     SI,[BP+0AH]        ;获取 ARY 的地址
                 MOV     DI,[BP+8]          ;获取 COUNT 的地址
                 MOV     CX,[DI]
                 MOV     DI,[BP+6]          ;获取 SUM 的地址
                 XOR     AX,AX
       NEXT:     ADD     AX,[SI]
                 ADD     SI,2
       LOOP      NEXT
                 MOV     [DI],AX
                 POP     DI
                 POP     SI
                 POP     CX
                 POP     AX
                 POP     BP
                 RET     6
       PROADD    ENDP
       CODE2     ENDS
                 END     SART
```

7.3.4　子程序应用举例

为了实现子程序的共享,编写子程序时应该附加如下说明:

(1) 子程序的功能——指明该子程序完成什么操作。

(2) 入口参数——说明调用子程序前应该把什么样的数据放在什么地方。

(3) 出口参数——说明调用后从什么地方取得处理结果。

(4) 破坏的寄存器——指明子程序中哪些寄存器没有破坏。

【例 7.7】　编写程序求数组中的最大值和最小值。设变量 NUM 存放 10 个字数组,利用子程序求出该数组中最大值和最小值,分别存放到变量 MAX 和 MIN 中。

分析:此例题中求最大值和最小值采用循环程序很容易实现。主程序与子程序传递的入口参数是:SI 存放数组首地址,CX 存放数组元素个数;出口参数是:最大值存放在 MAX 单元,最小值存放在 MIN 单元。

```
DATA     SEGMENT
  NUM  DW  1,2,-5,9,-67,23,89,44,-13,56
  MAX  DW  ?
  MIN  DW  ?
DATA     ENDS
STACK    SEGMENT  STACK
DW  256 DUP(?)
STACK    ENDS
CODE     SEGMENT
  ASSUME  CS:CODE,DS:DATA,SS:STACK
MAIN:  MOV   AX,DATA
       MOV   DS,AX
       LEA   SI,NUM
       MOV   CX,9
       CALL  MAX_MIN
       MOV   AH,4CH
       INT   21H
;子程序名:MAX_MIN
;子程序功能:求数组中的最大值和最小值
;入口参数:SI 存放数组首地址,CX 存放数组元素个数
;出口参数是:最大值存放在 MAX 单元,最小值存放在 MIN 单元
;破坏的寄存器:SI,CX,AX 和 BX
MAX_MIN    PROC    NEAR
           PUSH    AX
           PUSH    BX
           PUSH    CX
           PUSH    SI
           MOV     AX,[SI]
           MOV     BX,AX
LOPX:      ADD     SI,2
           CMP     [SI],AX
           JL      MINU
           JE      NEXT
           MOV     AX,[SI]
           JMP     NEXT
MINU:      CMP     [SI],[BX]
           JGE     NEXT
           MOV     BX,[SI]
NEXT:      LOOP    LOPX
```

```
              MOV      MAX,AX
              MOV      MIN,BX
              POP      SI
              POP      CX
              POP      BX
              POP      AX
              RET
MAX_MIN       ENDP
CODE          ENDS
              END      MAIN
```

7.4 子程序的嵌套

在子程序调用过程中,子程序调用其他子程序的现象称为子程序的嵌套调用,而子程序调用自身的现象称为子程序的递归调用。

【例 7.8】 编写一个程序,要求将由键盘输入的 0～FFFFH 的十六进制正数转换为十进制数,并在屏幕上显示出来。

分析:本题的功能是和例 7.3 相反。它由 HEXIBIN 和 BINIDEC 两个主要的子程序组成,由于主程序和子程序在同一个程序模块中,因而省略了对寄存器的保护和恢复,子程序之间的参数传递则采用寄存器传送方式进行。

```
HEXIDEC       SEGMENT
   ASSUME   CS:HEXIDEC
MAIN       PROC      FAR
START:
          PUSH     DS
          MOV      AX,AX
          PUSH     AX
          CALL     HEXIBIN
          CALL     CRLF
          CALL     BINIDEC
          CALL     CRLF
          RET
MAIN       ENDP
;——————————————————————————————
HEXIBIN       PROC      NEAR
              MOV      BX,0
NEWCHAR:MOV      AH,1
              INT      21H
              SUB      AL,30H
```

```
            JL        EXIT
            CMP       AL,10D
            JL        ADD_TO
            SUB       AL,7H
            CMP       AL,0AH
            JL        EXIT
            CMP       AL,10H
            JL        ADD_TO
            SUB       AL,20H
            CMP       AL,0AH
            JL        EXIT
            CMP       AL,10H
            JGE       EXIT
ADD_TO：     MOV       CL,4
            SHL       BX,CL
            MOV       AH,0
            ADD       BX,AX
            JMP       NEWCHAR
EXIT：       RET
HEXIBIN     ENDP
;————————————————————————————————————
BINIDEC     PROC      NEAR
            MOV  CX,10000D
            CALL DEC_DIV
            MOV  CX,1000D
            CALL DEC_DIV
            MOV  CX,100D
            CALL DEC_DIV
            MOV  CX,100D
            CALL DEC_DIV
            MOV  CX,10D
            CALL DEC_DIV
            MOV  CX,1D
            CALL DEC_DIV
            RET
DEC_DIV     PROC      NEAR
            MOV  AX,BX
            MOV  DX,0
            DIV  CX
```

```
            MOV    BX,DX
            MOV    DL,AL
            ADD    DL,30H
            MOV    AH,2
            INT    21H
            RET
DEC_DIV  ENDP
BINIDEC  ENDP
;————————————————————————————————
CRLF   PROC   NEAR
            MOV    DL,ODH
            MOV    AH,2
            INT    21H
            MOV    DL,OAH
            MOV    AH,2
            INT    21H
            RET
CRLF   ENDP
HEXIDEC   ENDS
            END    START
```

【例 7.9】 计算 N! 的程序示例。

分析:求 N! 的程序可以通过采用递归子程序实现,由于 0! =1,N(N−1)! =N!,所以求(N−1)!可以递归调用求 N! 的子程序。首先将存放 N! 的单元 RESULT 设置为 1(0! =1),第一步操作是将 RESULT 与 N 相乘,所得积放回 RESULT;第二步操作是将 RESULT 与 N−1 相乘,所得积放回 RESULT;……直到 N=0。

```
DATA      SEGMENT
   N        DW 5
   RESULT  DW ?
DATA      ENDS
STACK    SEGMENT STACK
            DW  256 DUP(0)
STACK    ENDS
CODE    SEGMENT
   ASSUME  CS:CODE,DS:DATA,SS:STACK
MAIN:  MOV    AX,DATA
            MOV    DS,AX
            MOV    AX,N
            MOV    RESULT,1
            CALL   FACT
```

```
            MOV     AH,4CH
            INT     21H
;子程序名:FACT
;子程序功能:计算 N!
;入口参数:AX 中存放乘数 N,RESULT 中存放(N-1)!
;出口参数:RESULT 中存放 N!
;破坏的寄存器:DX
FACT        PROC    NEAR
            CMP     AX,0
            JE      EXIT
            MUL     [RESULT]
            MOV     [RESULT],AX
            DEC     AX
            CALL    FACT
EXIT：
            RET
FACT        ENDP
CODE        ENDS
            END     MAIN
```

7.5 中 断 指 令

在计算机系统中,引入中断的最初目的是为了提高系统的输入输出性能。随着计算机应用的发展,中断技术也应用到计算机系统的许多领域中,如多道程序、分时系统、实时处理、程序监视和跟踪等领域。

7.5.1 中断的基本概念

下面只简单介绍与汇编语言程序设计有关的中断知识,使本章的知识具有一定的完整性。有关中断的详细介绍可参阅《计算机组成原理》中的相关章节。

7.5.1.1 中断和中断源

中断就是指 CPU 暂停当前程序的执行,转而执行处理紧急事务的程序,并在该事务处理完成后能自动恢复执行原先程序的过程。在此,称引起紧急事务的事件为中断源,处理紧急事务的程序为中断服务程序或中断处理程序。计算机系统还根据紧急事务的紧急程度,将中断分成不同的优先级,并规定:高优先级的中断能暂停低优先级的中断服务程序的执行。

计算机系统有上百种可以发出中断请求的中断源,但最常见的中断源是:外设的输入输出请求,如键盘输入引起的中断和通信端口接受信息引起的中断等;还有一些计算机内部的异常事件,如 0 作除数和奇偶校验错等。

CPU 在执行程序时,是否响应中断要取决于以下三个条件能否同时满足:

(1) 有中断请求;

(2) 允许 CPU 接受中断请求;

(3) 一条指令执行完,下一条指令还没有开始执行。

7.5.1.2 中断向量表和中断服务程序

中断向量表是一个特殊的线性表,它保存着系统所有中断服务程序的入口地址(偏移量和段地址)。在微机系统中,该向量表有 256 个元素(0～0FFH),每个元素占 4 个字节,总共 1 000 字节,其在内存中的存储形式及其存储内容如图 7.1 所示。

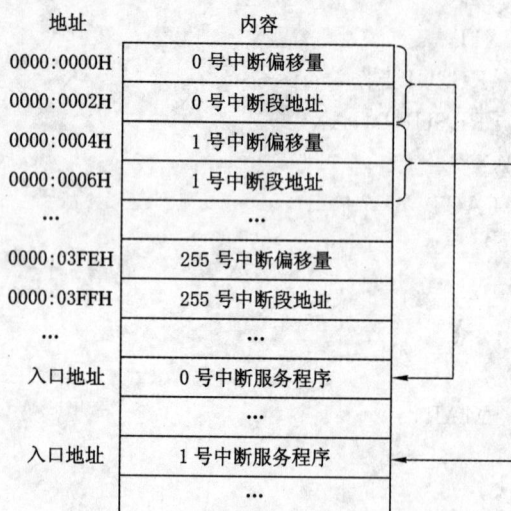

图 7.1　中断向量表

图 7.1 中的中断偏移量和中断段地址是指该中断服务程序入口单元的偏移量和段地址。由此不难看出,假如中断号为 n,那么,在中断向量表中存储该中断处理程序的入口地址的单元地址则为 $4n$。

表 7.1 说明了前 16 个中断向量表中列举的部分常用的中断号。

表 7.1　部分常用的中断号及其含义

中断号	含义	中断号	含义
0	除法出错	8	定时器
1	单步	9	键盘
2	非屏蔽中断	A	未用
3	断点	B	COM2
4	溢出	C	COM1
5	打印屏幕	D	硬盘(并行口)
6	未用	E	软盘
7	未用	F	打印机

7.5.2　引起中断的指令

中断处理程序基本上是系统程序员编写好的,是为操作系统或用户程序服务的。为了在应用程序中使用中断服务程序,程序员必须能够在程序中有目的地安排中断的发生。因此,指令系统提供了各种引起中断的指令。

(1) INT(中断指令)

中断指令 INT 的一般格式如下:

INT TYPE 或 INT

指令执行的步骤:PUSH (FLAGS)

　　　　　　　　IF←0

　　　　　　　　TF←0

　　　　　　　　AC←0

　　　　　　　　PUSH (CS)

　　　　　　　　PUSH (IP)

　　　　　　　　(IP)←(TYPE * 4)

　　　　　　　　(CS)←(TYPE * 4+2)

其中,立即数 TYPE 为类型号,它可以是常数或常数表达式,其值必须在 0～0FFH 范围内;格式中的 INT 是一个字节的中断指令,它隐含的类型号为 3。INT 指令(包括下面的INTO)不影响除 IF,TF 和 AC 以外的标志位。

(2) INTO(若溢出则中断指令)

当标志位 OF 为 1 时,引起中断。该指令的格式如下:

INTO

该指令影响标志位:IF 和 TF。

执行的步骤:若 OF=1,则:PUSH (FLAGS)

　　　　　　　　　　　　　IF←0

　　　　　　　　　　　　　TF←0

　　　　　　　　　　　　　AC←0

　　　　　　　　　　　　　PUSH (CS)

　　　　　　　　　　　　　PUSH (IP)

　　　　　　　　　　　　　(IP)←(10H)

　　　　　　　　　　　　　(CS)←(12H)

(3) IRET(从中断返回指令)

指令的格式:IRET

执行的步骤:(IP)←POP()

　　　　　　　(CS)←POP()

　　　　　　　(FLAGS)←POP()

(4) IRETD(从中断返回指令)

指令的格式:IRETD

执行的步骤:(EIP)←POP()

$$(CS) \leftarrow POP()$$
$$(EFLAGS) \leftarrow POP()$$

可见 IRET 适用于操作数长度为 16 位的情况,而 IRETD 则适用于操作数长度为 32 位的情况。

7.5.3 中断和子程序的比较

中断和子程序调用之间有其相似和不同之处。两者的相似之处有:它们的工作过程非常相似,即暂停当前程序的执行,转而执行另一程序段,当该程序段执行完时,CPU 都自动恢复原程序的执行。

两者的主要差异有:

(1) 子程序调用一定是程序员在编写源程序时事先安排好的,是可知的,而中断是由中断源根据自身的需要产生的,是不可预见的(用指令 INT 引起的中断除外);

(2) 子程序调用是用 CALL 指令来实现的,但没有调用中断的指令,只有发出中断请求的事件(指令 INT 是发出内部中断信号,而不要理解为调用中断服务程序);

(3) 子程序的返回指令是 RET,而中断服务程序的返回指令是 IRET/IRETD;

(4) 在通常情况下,子程序由应用系统的开发者编写,而中断服务程序由系统软件设计者编写。

7.6 DOS 系统功能调用

在 DOS 系统中有两层内部子程序可供用户使用,即基本输入输出子程序 BIOS 和 DOS 功能模块,用汇编语言编程时可以直接调用它们,极大方便了用户对系统资源的利用,简化了程序设计,因而掌握这些子程序的功能和调用方法十分重要。

基本输入输出系统程序 BIOS 的主要功能是驱动系统所配置的外部设备,如显示器、键盘、磁盘驱动器、打印机和异步通信接口等。用户不必了解有关设备的物理性能和接口情况,通过相应的功能号来完成对设备的操作即可。DOS 系统层功能模块主要完成文件管理、内存管理、作业管理和设备管理等。由于 BIOS 系统层功能模块比 DOS 系统层功能模块更接近硬件,所以一般情况下优先选用 DOS 层功能模块,如果达不到要求,这时再考虑选用 BIOS 系统功能模块。

7.6.1 DOS 功能模块的调用方法

DOS 功能模块所提供的中断服务程序的功能号(中断向量码)为 00H~62H。DOS 系统调用方法:

(1) 置入口参数;

(2) 功能号送 AH 寄存器;

(3) 执行中断指令:INT 21H。

有的中断服务程序不需要入口参数,但大部分需要将参数送入指定寄存器或某存储单元。编程时只需给出这三方面信息,DOS 会自动转入相应的中断服务程序去执行。调用结束后,若有出口参数,一般会存放在寄存器中。有些中断服务程序调用结束后在屏幕上显示结果。

7.6.2　单个字符的输入输出

(1) 单个字符的输入

DOS 21H 中断的子功能 01H,07H 和 08H 都能从键盘读入一个字符送入 AL 寄存器。在这里只介绍 01H 子功能,其他的子功能读者可参照相关资料的说明来使用。

入口参数:AH=1　　　　　　　　　　;DOS 的子功能号

出口参数:AL=按键的 ASCII 码值

说明:首先扫描键盘,等待按键;若有键按下,将相应键的 ASCII 码值读入;检查是否按下 Ctrl+Break 键,如果是,则退出命令的执行;否则将按键的 ASCII 码值送入 AL 寄存器,同时送显示器显示。该功能不改变除 AL 以外的其他寄存器的值。

【例 7.10】　编写一段程序,从键盘读入一个数字键,计算出对应的数值,放入寄存器 DL 中。不考虑按键不是数字键的情况。

```
MOV   AH,01H
INT   INT
SUB   AL,30H
MOV   DL,AL
```

(2) 单个字符的输出

DOS 21H 中断的子功能 02H 和 05H 都能实现单个字符的输出。在这里只介绍 02H 子功能。

入口参数:AH=2,DL=待输出字符的 ASCII 码值

出口参数:无

说明:在屏幕上,光标当前所在位置显示一个由 DL 寄存器提供的字符,并把光标向后移一格。DL 中存放字符的 ASCII 码值。该功能调用会改变寄存器 AL 的值,其他寄存器的值都不受影响。

【例 7.11】　编写程序段完成回车换行功能。

```
MOV   AH,2
MOV   DL,13          ;回车符的 ASCII 码值
INT   21H
MOV   DL,10          ;换行符的 ASCII 码值
INT   21H            ;输出回车符时已将 AH 中放 2,且调用后未变
```

7.6.3　字符串的输入输出

(1) 字符串的输入

入口参数:AH=0AH,是 DOS 的子功能号

　　　　　DS:DX=输入缓冲区的初始逻辑地址

出口参数:由 DOS 的 10 号子功能在输入缓冲区中填写实际输入的情况。

几点说明:

① 输入缓冲区是一段连续的内存区,首字节的逻辑地址必须在调用 0AH 功能之前放到指定的寄存器 DS 和 DX 中。

② 程序执行到 0AH 功能调用时,机器将等待操作员从键盘上按键,直到输入回车符为止。按键情况会显示在屏幕上,最后按下的 Enter 键会使光标移动到同一行最左端。如果在按 Enter 键之前发现错误,可以使用退格键或向左的箭头进行修改。

③ 缓冲区的第一个字节由用户程序填写,用以指出缓冲区接收的最大字符个数,最后的回车键也计算在内。该值是字节型无符号数,有效范围是 0～255。当输入最大字符个数减 1 个字符后只能按 Enter 键了,按其他键都会被认为是不正确的输入而被机器拒绝,且响铃以示警告;若实际输入的字符数少于定义的字符数,则缓冲区其余的字节填 0。

④ 缓冲区的第二个字节存放实际输入字符个数(最后的回车键不计算在内),由 DOS 的 0AH 子功能填写;在调用之前用户程序可以把它设为任意值,用户程序填写的值对 DOS 的 0AH 子功能调用没有影响。

⑤ 从第三个字节开始存放从键盘输入字符的 ASCII 码值,最后一个字符是回车键(0DH)。

【例 7.12】 从键盘上输入一组字符,并存放在内在单元 BUF 中。

```
DATA      SEGMENT
  BUF   DB   80                    ;定义缓冲区的长度
        DB   ?                     ;保留为系统填写如实际输入的字符数
        DB   80 DUP(?)             ;定义 80 个字节的存储空间
DATA      ENDS
CODE      SEGMENT
  ASSUME  CS:CODE,DS:DATA
START:  MOV   AX,DATA
        MOV   DS,AX
        LEA   DX,BUF
        MOV   AH,0AH
        INT   21H
        MOV   AH,4CH
        INT   21H
CODE      ENDS
        END   START
```

(2) 字符串输出

入口参数:AH＝9,是 DOS 的子功能

DS:DX＝待输出字符串的首字符的逻辑地址

出口参数:无

几点说明:

① 被输出的字符串长度不限,但必须连续存放在内存的某个地方,且以字符"＄"结束,中间可以含有回车符、换行符、响铃符等有特殊功能的符号。字符串的起始逻辑地址必须放在指定的寄存器 DS 和 DX 中。

② 调用结果是将字符串中的各个字符从光标当前所在位置起依次显示在屏幕上,直到遇到"＄"为止,光标停在最后一个输出字符的后面。"＄"仅仅作为字符串的结束符号,本身

不输出到屏幕。如果程序中需要输出"＄",只能用 2 号子功能实现。

③ 9 号子功能调用会改变寄存器 AL 的值,其他寄存器的值都不受影响。

【例 7.13】　写出下面程序执行后的结果。

```
DATA    SEGMENT
  BUF1  DB'Hello,',13,10,'this is an example.',13,10
  BUF2  DB'――END――$'
DATA    ENDS
CODE    SEGMENT
  ASSUME  CS:CODE,DS:DATA
MAIN:MOV  AX,DATA
     MOV  DS,AX
     MOV  DX,OFFSET[BUF1]
     MOV  AH,9
     INT  21H
     MOV  AH,4CH
     INT  21H
CODE    ENDS
        END  MAIN
```

执行结果如下:

Hello,

This is an example.

――END――

由于篇幅所限,上面仅列举几个 DOS 系统功能调用,其余功能调用可参阅附录。

习　　题

7.1　汇编语言的子程序是如何定义的? 所使用的关键字有哪些?

7.2　为了编写具有良好风格的子程序,一般需要书写哪些重要的说明性信息?

7.3　简述调用指令 CALL 和转移指令 JMP 之间的主要区别。

7.4　简述段内和段间子程序调用指令 CALL 的主要区别。

7.5　子程序返回指令 RET 的功能能否用 JMP 指令来模拟? 如果可以,请用段内子程序的返回加以说明,否则说明理由。

7.6　子程序返回指令"RET 6"的功能是返回数值 6 给调用程序吗? 若不是,那么该作用是什么?

7.7　在子程序中要使其所用寄存器对调用者是透明的,请举例说明达到其目的的方法。

7.8　编写计算 CX 值三次方的子程序,结果也存入 CX(不考虑溢出问题)。

7.9　如何指定子程序的传递参数是动态的? 对动态参数有哪些规定?

7.10　编写一个子程序,其功能是将其所有参数数值之和存入 AX 中,每个参数都是

16 位二进制数,但个数不定。

7.11 子程序的参数传递可分为传值和传地址,在汇编语言中如何实现传地址? 请举例说明。

7.12 在高级语言中,子程序可定义其局部变量,在汇编语言中能定义其局部变量吗? 若能,请举例说明。

7.13 编写一个排序子程序 SORT,以 DS,SI,DI 和 CX 作为入口参数,将 DS:SI 为起始地址的一个带符号的字形数组从小到大排序,参数 CX 中存放的是数组中的元素个数,并将该子程序添加到 MYSUB. LIB 子程序库中。

7.14 给定一个正数 N1 存放在 NUM 单元中,试编写一段递归子程序计算 FIB(N),并将结果存入 RESULT 单元中。

FIB(N)函数的定义如下:

$$\begin{cases} FIB(1)=1 \\ FIB(2)=1 \\ FIB(N)=FIB(N-2)+FIB(N-1) \end{cases}$$

7.15 用子程序结构编程计算 S:1!+2!+3!+4!+5!+6!+7!+8!。

第 8 章　高级汇编语言技术

8.1　宏　汇　编

在第 7 章中介绍了子程序结构，了解了使用子程序结构的很多优点，但是使用子程序也有一些缺点：为转值用返回、保存及恢复寄存器以及参数的传送等都要增加程序的开销，这些操作所消耗的时间以及它们所占用的存储空间都是为取得子程序结构使程序模块化的优点而增加的额外开销。因此，有时在子程序本身较短或者需要传送的参数较多的情况下，使用宏汇编就更加有利。

在程序设计中，为了简化程序的设计，将多次重复使用且比较短的程序段定义成一条宏指令。使用宏指令语句可以减少程序书写错误和缩短源程序长度，使源程序编写像高级语言一样清晰、简洁。特别是使用宏库后，可以提高编程效率。

8.1.1　宏的定义、宏调用和宏展开

通常情况下，宏是用来代表一个具有特定功能的程序段，它只需在源程序中定义一次，但可在源程序中多次引用。只要在编写程序时需要，就可以直接使用它。

8.1.1.1　宏的定义

在使用宏之前必须先定义宏，定义宏的一般格式如下：

宏名　MACRO　［形参 1，形参 2，……］

…　　　　　　　　　　　　　　　　　　　;宏的定义体

ENDM

在书写宏定义时，必须遵照下列规定：

（1）MACRO 和 ENDM 是两个必须成对出现的关键字，分别表示宏定义的开始和结束；

（2）MACRO 和 ENDM 之间的部分是宏的定义体，由指令、伪指令或引用其他宏所组成的程序片段，是宏所包含的具体内容；

（3）宏名是由程序员指定的一个合法的标识符，它代表该宏；

（4）宏名可以与指令助忆符、伪指令名相同，在这种情况下，宏指令优先，而同名的指令或伪指令都失效；

（5）在 ENDM 的前面不要再写一次宏名，这与段或子程序定义的结束方式有所不同；

（6）在宏定义的首部可以列举若干个形式参数，每个参数之间要用逗号分隔。

根据上述规定，提倡宏名尽可能不要与指令助忆符、伪指令名相同，以免引起不必要的误会。

【例 8.1】 定义一个将 16 位数据寄存器压栈的宏。

```
PUSHR    MACRO
         PUSH    AX
         PUSH    BX
         PUSH    CX
         PUSH    DX
         ENDM
```

【例 8.2】 定义两个字存储变量相加的宏。

```
MADDM    MACRO    OPRD1，OPRD2
         MOV    AX，OPRD2
         ADD    OPRD1，AX
         ENDM
```

上述宏定义虽然能满足题目的要求，但是在定义体中改变了寄存器 AX 的值，这就使宏的引用产生了一定的副作用。为了使寄存器 AX 的使用变得透明，可将该宏定义改成如下形式：

```
MADDM    MACRO    OPRD1，OPRD2
         PUSH    AX
         MOV    AX，OPRD2
         ADD    OPRD1，AX
         POP    OPRD1，AX
         POP    AX
         ENDM
```

通过在宏定义的开始和结尾处分别增加对所用寄存器的保护和恢复指令，就使得对该宏的任意引用都不会产生任何副作用。

8.1.1.2 宏的调用

在源程序中，一旦定义了某宏，那么在该程序的任何位置都可直接引用该宏，而不必重复编写相应的程序段。引用宏的一般格式如下：

宏名 ［实参 1，实参 2，……］

其中：实参的位置要与形参的位置相对应，但实参的个数可以与形参的个数不相等。

（1）当实参的个数多于形参的个数时，多出的实参被忽略；

（2）当实参的个数少于形参的个数时，没有实参对应的形参用"空"来对应，但在宏展开时，所得到的指令必须是合法的汇编指令，否则汇编程序将会给出出错信息。

例如，假设已有字变量 W1 和 W2，并且也有例 8.2 中的宏 MADDM，那么如果要将 W2 的内容加到 W1 中的话，就可以在源程序的代码段中按下列方式来引用该宏：

```
MADDM    W1，W2
```

汇编时，宏定义体中除伪指令不被汇编外，其他指令都被汇编成指令代码，插入程序调用点，同时在插入的每一条指令前面都有一个数字（例如 1），它表示宏展开的层次，这个过程称为宏展开，是由汇编程序在汇编时完成的。

上述宏调用展开后的形式为：

1　　　MOV　AX，W2

1　　　ADD　W1，AX

如果在源程序中按下列方式引用了宏 MADDM　　　W1，那么在宏展开时就会得到下列语句：

1　　　MOV　AX，　　　　　　　　　　　　　　　　;显然，指令 MOV　AX 是一条非法指令，
　　　　　　　　　　　　　　　　　　　　　　　　　汇编程序将会指出该错误。

1　　　ADD　W1，AX

8.1.1.3　宏的参数传递方式

在引用宏时，参数是通过用实参替换形参的方式来实现传递的。参数的形式灵活多样，可以是常数、寄存器、存储单元和表达式，还可以是指令的操作码。

【例 8.3】　定义两个字存储变量相加和相减的宏。

方法 1：定义两个宏分别实现存储变量的加操作和减操作

MADDM　　　MACRO　　　OPRD1，OPRD2
　　　　　　　MOV　AX，OPRD2
　　　　　　　ADD　OPRD1，AX
　　　　　　　ENDM
MSUBM　　　MACRO　　　OPRD1，OPRD2
　　　　　　　MOV　AX，OPRD2
　　　　　　　SUB　OPRD1，AX
　　　　　　　ENDM

方法 2：定义一个宏，把存储变量的加和减操作合并在一起

MOPM　　　MACRO　　　OP，OPRD1，OPRD2
　　　　　　　MOV　AX，OPRD2
　　　　　　　OP　OPRD1，AX
　　　　　　　ENDM

宏调用 MOPM　SUB，W1，W2 时，在宏展开时将会得到下列语句：

1　　　MOV　AX，W2

1　　　SUB　W1，AX

而采用宏调用 MOPM　　ADD，W1，W2 时，在宏展开时将会得到下列语句：

1　　　MOV　AX，W2

1　　　ADD　W1，AX

8.1.1.4　宏的嵌套定义

在宏的定义体中又引用了其他已定义好的宏，这种宏定义方式在实际的编程过程中常会用到。如果被引用的宏还没定义的话，汇编程序将会显示出错信息。

ABS　　MACRO　　OPRD1，OPRD2
　　　　　…
　　　　　MOPM　　　SUB，OPRD1，OPRD2　　　;引用前面已定义的宏 MOPM

```
        …
        ENDM
```

在定义宏 ABS 时,引用了前面已定义好的宏 MOPM。

8.1.1.5 宏与子程序的区别

宏定义与子程序都可以简化源程序,但他们之间还是存在很大区别的,宏定义由汇编程序在汇编时进行宏展开处理,占用内存多,但执行速度快;子程序在程序执行时由 CPU 处理,占用内存少,由于执行子程序时需调用和返回,因此执行速度慢。

总之,当程序片段不长,速度是关键因素时,可采用宏来简化源程序;当程序片段较长,存储空间是关键因素时,可采用子程序的方法来简化源程序和目标程序。

8.1.2 宏参数的特殊运算符

为了满足宏定义和引用的某些特殊需要,汇编程序还支持几个具有特定含义的运算符。

8.1.2.1 连接运算符

在宏定义中,如果形式参数与其他字符连接在一起,或形式参数出现在字符串之中,那么,就必须使用连接运算符(&)。

【例8.4】 定义一个转移宏 LEAP,其一个参数决定转移类别,另一个参数指定转移目标。

```
LEAP    MACRO    COND,LAB
        J&COND   LAB
        ENDM
```

宏调用:

```
        …
        LEAP  Z,THERE
        …
        LEAP  NZ,HERE
        …
```

宏展开:

```
        …
1       JZ  THERE
        …
1       JNZ  HERE
        …
```

8.1.2.2 字符串整体传递运算符

字符串整体传递运算符是一对尖括号"<>",用它括起来的内容作为一个字符串进行形式参数的整体替换。在宏引用时,如果实参内包含逗号、空格等间隔符,则必须使用该操作符,以保证实参的完整性。如果实参是某个具有特殊含义的字符,为了使它只表示该字符本身,也需要用该运算符括起来。

假设有下面定义字符串的宏 DEFMSG:

```
DEFMSG     MACRO     MSG
           DB   '&MSG',0DH,0AH,'$'
           ENDM
```

那么,使用和不使用该运算符的引用宏及其宏扩展如下所示:

```
DEFMSG   <Are you ready? >
1        DB   'Are you ready? ', 0DH, 0AH,'$'
             ...
DEFMSG   Are you ready?
1        DB   'Are', 0DH, 0AH,'$'
```

8.1.2.3　计算表达式运算符

在引用宏时,使用计算表达式运算符"％"表示将其后面表达式的结果当做实参进行替换,而不是该表达式的整个式子。

下面是使用和不使用计算表达式运算符的宏引用语句及其宏扩展的结果:

```
DEFMSG   ％200＋23－100
1        DB   '123', 0DH, 0AH,'$'          ;先计算出表达式"200＋23－
                                            100"的值,然后再把该值作
                                            为参数进行替换
...
DEFMSG   200＋23－100
1        DB   '200＋23－100', 0DH, 0AH,'$'  ;将整个表达式"200＋23－
                                            100"当做一个字符串进行
                                            参数替换
```

8.1.3　与宏有关的伪指令

在宏定义时,为了满足某种特殊需要,汇编语言还提供了几个伪指令。

8.1.3.1　局部标号伪指令 LOCAL

在宏定义体中,如果存在标号,则该标号要用伪指令 LOCAL 说明为局部标号,否则在源程序中有多于一次引用该宏时,汇编程序在进行宏扩展后将会给出"标号重复定义"的错误。

伪指令 LOCAL 的一般格式如下:

LOCAL　标号 1,标号 2,……

伪指令 LOCAL 必须是伪指令 MACRO 后的第一条语句,并且在 MACRO 和 LOCAL 之间不允许有注释和分号标志。

汇编程序每次进行宏扩展时,总是把由 LOCAL 说明的标号用一个唯一的符号从?? 0000到?? FFFF 来代替,从而避免出现标号重复定义的错误。

【例 8.5】　编写求一个求绝对值的宏。

```
ABSOL   MACRO   OPER
        CMP   OPER,0
```

```
              JGE    NEXT
              NEG    OPER
NEXT：
              ENDM
```

假设对宏 ABS 有以下两次调用：

```
ABS   BX
…
ABS   AL
```

它们将会显示汇编程序对它们进行宏展开后所得到的程序片段：

```
1        CMP   BX，0
1        JGE   NEXT
1        NEG   BX
1        NEXT：
          …
1        CMP   AL，0
1        JGE   NEXT
1        NEG   AL
1        NEXT：
```

在上述程序片段中，显然标号 NEXT 定义了两次，所以汇编程序将显示"标号重复定义"的错误信息。为了避免这种情况的发生，需要用下面的方法来定义该宏。

```
ABSOL    MACRO     OPER
          LOCAL     NEXT
          CMP       OPER,0
          JGE       NEXT
          NEG       OPER
NEXT：
          ENDM
```

假设现在再对宏 ABS 有以下两次调用：

```
ABS   BX
…
ABS   AL
```

它们将会显示汇编程序对它们进行宏展开后所得到的程序片段：

```
1        CMP  BX，0
1        JGENEXT
1        NEG  BX
1        ?? 0000：
          …
1        CMP  AL，0
1        JGENEXT
```

```
1        NEG   AL
1        ??  0001:
```

在上述程序片段中,宏体内部的局部标号 NEXT 分别用符号?? 0000 和?? 0001 来对应它的二次引用。因此,汇编程序不会再显示"标号重复定义"的错误信息。

在以上的例子中,宏定义体内只用了一个标号,如果宏定义体内的标号数多于一个,则可把它们列在 LOCAL 伪操作之后,例如:

LOCAL　NEXT, OUT, EXIT

在宏展开时,汇编程序对第一次宏调用使用?? 0000 取代 NEXT,用?? 0001 取代 OUT,用?? 0002 取代 EXIT。对第二次宏调用使用?? 0003 取代 NEXT,用?? 0004 取代 OUT,用?? 0005 取代 EXIT。

8.1.3.2　取消宏定义伪指令

伪指令 PURGE 的一般格式如下:

PURGE　宏名 1, 宏名 2, ……

该伪指令通知汇编程序取消"宏名 1, 宏名 2, ……"宏名表中的宏定义。在此语句后,如果还有这些宏的引用语句,则汇编程序不会把它们当做宏引用来进行扩展,并且还将显示出错信息。

伪指令 PURGE 的使用频率较低。

8.1.3.3　中止宏扩展伪指令

伪指令 EXITM 的一般格式如下:

EXITM

该伪指令书写在宏定义体中主要有以下功能:如果遇到该伪指令,那么立即中止对该伪指令之下语句的扩展;如果在嵌套的内层宏中遇到了该伪指令,则退到宏嵌套的外层。

在一般情况下,伪指令 EXITM 与条件伪指令一起使用,以便在不同的条件下挑选出不同的语句。

伪指令 EXITM 的使用频率也很低。

8.1.4　宏库的使用

有时在程序里定义了较多宏,或者可以把自己编程中常用的宏定义建立成一个独立的文件,这个只包含若干宏定义的文件可称为宏库,通常用扩展名 MAC, INC 或 LIB 来表示。当应用程序需要用到宏库中的某些宏定义时,只需要在该程序的开始用 INCLUDE 语句说明如下:

INCLUDE　D:\MACRO. MAC

其中 MACRO. MAC 为宏库名,它存放在 D 盘的根目录下。汇编程序将宏库中的所有宏定义都包含在应用程序中。

【例 8.6】　假设已建立一个名为 MACRO. LIB 的宏库,其内容如下:

```
INPUT    MACRO    A
LEA      DX, A
         MOV  AH, 10              ;10 号系统功能调用
         INT  21H
```

```
             ENDM
PRINT    MACRO    A
         LEA  DX,A
         MOV  AH,9                    ;9号系统
         INT  21H
         ENDM
RETURN   MACRO
         MOV  AH,2
         MOV  DL,0AH
         INT  21H
         MOV  DL,0DH                  ;回车换行
         INT  21H
         ENDM
OUT2     MACRO    A
         MOV  DX,A
         MOV  AH,2                    ;2号系统功能调用
         INT  21H
         ENDM
STACK0   MACRO    A
         STACK    SEGMENT STACK
         DB  A
         STACK    ENDS
         ENDM
```

现要从键盘输入一串字符到系统缓冲区,然后将字符按相反顺序打印,采用调用宏库的方法,其程序如下:

```
INCLUDE    MACRO.LIB
STACK    SEGMENT  STACK
         DW  200 DUP(0)
STACK    ENDS
DATA     SEGMENT
  INF01    DB'INPUT  STRING:$'
  INF02    DB'OUTPUT  STRING:$'
  BUFA     DB  80,?,80DUP(0)
  BUFB     DB  80DUP(0)
DATA     ENDS
CODE     SEGMENT
  ASSUME  DS:DATA,SS:STACK,CS:CODE
START: MOV    AX,DATA
       MOV    DS,AX
```

```
              RETURN                              ;输出回车换行
              PRINT   INF01                       ;输出变量 INF01 代表的字符串
              INPUT   BUFA                         ;键盘输入字符到缓冲区
              LEA     SI,BUFA+1
              MOV     CH,0
              ADD     SI,CX
              LEA     DI, BUFB
      NEXT:   MOV     AL,[SI]
              MOV     [DI],AL
              DEC     SI
              INC     DI
              LOOP    NEXT
              MOV     BYTE  PTR  [DI],'$'
              RETURN                              ;输出回车换行
              PRINT   INF02                       ;输出变量 INF02 代表的字符串
              PRINT   BUFB                         ;反向输出输入字符串
              MOV     AH, 4CH
              INT     21H
      CODE    ENDS
              END     START
```

8.2　重复汇编

在编写源程序时,有时会出现连续相同或相似的语句(组)。当出现这种情况时,可利用重复伪指令来重复语句,从而达到简化程序的目的。

重复汇编伪指令所定义的重复块是宏的一种特殊形式,也是由伪指令 ENDM 来结束重复块的。用重复汇编伪指令定义的重复块也可具有参数,并在汇编过程中被实参替换,但重复块不会被命名,不能在程序的其他地方引用。

8.2.1　重复伪操作

伪指令 REPT 的作用是将一组语句重复指定次数,该重复次数由伪指令后面的数值表达式来确定,其一般使用格式如下:

```
REPT      数值表达式
...                                             ;重复块
ENDM
```

【例 8.7】 将字符 A 到 Z 的 ASCII 码填入数组 TABLE。

```
CHAR='A'
TABLE    LABEL    BYTE
         REPT     26
```

```
        DB          CHAR
CHAR =CHAR+1
ENDM
```

经汇编产生：

```
1    DB    41H
1    DB    42H
...
1    DB    5AH
```

【例 8.8】 定义 100 个初值分别为 1,2,…,100 的字节单元,该存储单元的初始符号地址为 TABLE。

```
X=0
TABLE    LABEL    BYTE
         REPT     100
         DB    X
         X =X+1
         ENDM
```

【例 8.9】 计算 1+2+…+1000,并将其值存入寄存器 AX。

```
        MOV      AX, 0
COUNT=1
        REPT    1000
        ADD      AX,COUNT
COUNT =COUNT + 1
        ENDM
```

本例也可以通过使用循环指令来实现。

```
        MOV      AX, 0
        MOV      CX, 1000
AGAIN：
        ADD      AX, CX
        LOOP     AGAIN
```

由例 8.9 不难看出:伪指令 REPT 与循环指令起作用的时期和方式是截然不同的。两者之间的主要差异见表 8.1。

表 8.1　　　　　伪指令 REPT 与循环指令 LOOP 之间的主要差异

	伪指令 REPT	循环指令 LOOP
起作用的时期	汇编程序将源文件翻译成目标文件时期	程序的执行时期
起作用的方式	将被重复的指令(组)直接重复写入目标文件	通过反复执行同一指令(组)来实现重复
重复次数对目标文件的影响	由于重复次数决定被重复指令(组)写入目标文件的次数,所以改变重复次数一定会改变目标文件的字节数	由于重复的指令数与重复次数无关,所以改变重复次数不会改变目标文件的字节数

8.2.2 不定重复伪操作

不定次数的重复汇编伪指令有 IRP 和 IRPC 两种。

（1）IRP 伪指令

格式：IRP 形参，＜自变量表＞

   重复块

   ENDM

功能：汇编程序将重复块的代码重复多次,每次重复将重复块中的形参用自变量表中的一项来取代,下一次取代下一项,重复次数由自变量个数确定。自变量表必须用尖括号括起来,可以是常数、符号、字符串等。

（2）IRPC 伪指令

格式：IRPC 形参，＜字符串＞

   重复块

   ENDM

功能：IRPC 和 IRP 类似,但自变量表必须是字符串,每次重复把重复块中的形参用自变量表中的一项来取代,下一次取代下一项,重复次数由自变量个数确定。

【例 8.9】 某一源程序需要多次将 AX,BX,CX 和 DX 寄存器的内容压入堆栈,则可定义如下宏指令(用 IRP 实现)。

```
IRP    REG   <AX,BX,CX,DX>
PUSH   REG
ENDM
```

也可以用 IRPC 实现如下：

```
IRPC    K，ABCD
PUSH    K&X
ENDM
```

两种情况调用上述宏定义后,都将展开为下列语句：

```
1    PUSH   AX
1    PUSH   BX
1    PUSH   CX
1    PUSH   DX
```

【例 8.10】 下例汇编程序在汇编时产生什么语句？

```
IRP   W,<1122H,3344H,5566H,7788H>
DW   W
ENDM
```

汇编程序在汇编时将产生语句：

```
1    DW   1122H,3344H,5566H,7788H
```

【例 8.11】 定义 10 个字节存储单元,保存数字 0～9 的平方数。

```
IRPC    X，0123456789
```

```
DB   X * X
ENDM
```

8.3   条 件 汇 编

条件汇编伪指令的主要功能：根据某种条件确定一组程序段是否加入到目标程序中。使用条件汇编伪指令的主要目的是：同一个源程序能根据不同的汇编条件生成不同功能的目标程序，增强宏定义的使用范围。

条件汇编伪指令与高级语言（例如 C/C++）的条件编译语句在书写形式上相似，在所起作用方面是完全一致的。

8.3.1   条件汇编伪指令的功能

条件汇编伪指令的一般格式如下：

IF××条件表达式

…   ;语句组 1

[ELSE]

…   ;语句组 2

ENDIF

其中，IF××是表 8.2 中的伪指令，"[…]"内的语句是可选的。

条件汇编伪指令是在汇编程序中把源程序转换成目标程序时起作用的，其一般含义是：若条件汇编伪指令后面的条件表达式为真，那么语句组 1 将被汇编，否则语句组 2 将被汇编（如果含有 ELSE 伪指令）。

语句组 1 或语句组 2 内还可以包含条件汇编伪指令，这时就形成了嵌套的条件汇编伪指令。一个嵌套的 ELSE 伪指令总是与最近的、还没有与其他 ELSE 伪指令进行相匹配的 IF××伪指令相匹配。

每条条件汇编伪指令的具体含义见表 8.2。

表 8.2   条件汇编伪指令及其功能一览表

伪指令	含　义
IF exp	若数值表达式 exp 的值不为 0,则语句组 1 包含在目标文件中
IFE exp	若数值表达式 exp 的值为 0,则语句组 1 包含在目标文件中
IFDEF label	若标号 label 有定义或被说明为 EXTRN,则语句组 1 包含在目标文件中
IFNDEF label	若标号 label 没有定义,也没被说明为 EXTRN,则语句组 1 包含在目标文件中
IFB <参数>	在宏引用时,若该形参没有相应的实参相对应,则语句组 1 包含在目标文件中
IFNB <参数>	在宏引用时,若该形参没有相应的实参相对应,则语句组 1 包含在目标文件中
IFIDN <参数 1>,<参数 2>	若参数 1＝参数 2,则语句组 1 包含在目标文件中
IFDIF <参数 1>,<参数 2>	若参数 1≠参数 2,则语句组 1 包含在目标文件中
IF1	若汇编程序在第一遍扫描时,则语句组 1 包含在目标文件中
IF2	若汇编程序在第二遍扫描时,则语句组 1 包含在目标文件中

8.3.2 条件汇编伪指令的举例

【例 8.12】 编写一个可用 DOS 或 BIOS 功能调用输入字符的宏定义。

方法一:使用条件汇编伪指令 IF

```
INPUT    MACRO
         IF   DOS              ;当符号 DOS 不为 0 时,则使用 DOS 的功能调用
              MOVAH,1H
              INT   21H
         ELSE                  ;否则,将使用 BIOS 的功能调用
              MOV   AH, 10H
              INT   16H
ENDIF
ENDM
```

在引用宏 INPUT 时,汇编程序会根据符号 DOS 是否为 0 来生成调用不同输入功能的程序段。

方法二:使用条件汇编伪指令 IFDEF

```
INPUT   MACRO
        IFDEF   DOS            ;当定义了 DOS,则使用 DOS 的功能调用
          MOV   AH, 1H
          INT   21H
        ELSE                   ;否则,将使用 BIOS 的功能调用
          MOV   AH, 10H
          INT   16H
        ENDIF
        ENDM
```

在引用宏 INPUT 时,汇编程序会根据符号 DOS 是否已经定义来生成调用不同输入功能的程序段。

习　　题

8.1　在定义宏时,使用的关键字是什么? 宏名是否需要成对出现?

8.2　在引用宏时,是否要求实参与形参的个数相等? 若不要求,请简述当二者个数不一致时,会出现什么情况。

8.3　宏和子程序的主要区别有哪些? 一般在什么情况下选用宏较好,在什么情况下选用子程序较好?

8.4　宏的参数是如何传入宏定义体的? 宏的参数传递与子程序的参数传递有哪些区别?

8.5　在有标号的宏定义体中,为什么最好使用 LOCAL 伪指令来说明标号? 它在宏定义体中应处于什么位置?

8.6 子程序和宏中的 LOCAL 伪指令的作用有哪些不同?

8.7 编写一条宏指令 CLRB,完成用空格符将一个字符区中的字符取代的工作。字符区首地址及其长度为形参。

8.8 定义宏指令 FINSUM:比较两个数 X 和 Y(X 和 Y 为数,不是地址),若 X>Y 则执行 SUM←X+2*Y;否则执行 SUM←2*X+Y。

8.9 编写宏定义 SUMMING,要求求出字数组中所有元素之和,并将结果保存下来。该宏定义的形参应为数组首地址 ARRAY,数组长度 COUNT 和结果存放单元 RESULT。

8.10 定义宏指令:MOVE,能将 N 个字符从一个字符区传送到另一个字符区。

8.11 编写 32 位相加的宏 ADD32,能把 32 位寄存器组 BX—AX 加到 DX—CX 中。

8.12 编写符号扩展的宏 CBD,它将存于 AL 中的有符号数扩展成 ECX—EBX 中 64 位有符号数(其中 ECX 是 64 位有符号数的高位)。

8.13 编写一个宏 AddList Para1, Para2, num,其功能是将从 Para2 开始的内存单元的值加到以 Para1 开始的内存单元中,num 是相加的字节数。

8.14 编写一个宏来定义 26 个大写字母表。

8.15 INCLUDE 指示符的作用是什么?

8.16 编写只有一个形式参数的宏 PRINT,其具体功能如下:

(1) 若引用时带有参数,则在屏幕上显示其参数字符,如 PRINT 'A',则显示字符'A';

(2) 若引用时不带实参,则显示回车和换行,如:PRINT。

(提示:用 IFB 或 IFNB 语句来测试是否有参数)

第9章 输入输出程序设计

  输入输出设备简称 I/O 设备或外部设备（简称外设），是计算机必不可缺少的组成部分。计算机工作时需要与输入输出设备频繁地交换信息，例如将原始数据或程序通过输入设备输入计算机，在输出设备上显示或打印出程序或运算结果。计算机系统通过硬件接口以及 I/O 控制程序对外部设备进行控制，使其能协调地、有效地完成输入输出工作。在对外部设备的控制过程中，主机不可避免地、有时甚至频繁地对设备接口进行联络和控制，因此能直接控制硬件的汇编语言就成为编写高性能 I/O 程序最有效的程序设计语言。本章将以一些常用的 I/O 设备为例，着重讨论 I/O 程序设计，特别是中断程序设计的方法。

9.1 I/O 设备的数据传送方式

9.1.1 CPU 与外设

  I/O 设备是通过一个硬件接口或控制器与 CPU 相连。例如，硬磁盘通过硬盘控制器与 CPU 相连，显示器通过数据接口与 CPU 相连。这些接口或控制器都能支持输入输出指令 IN 和 OUT 与 I/O 设备交换信息，主要包括数据、状态和控制三种不同性质的信息，它们必须按不同的端口地址分别传送。

  (1) 数据信息

  数据信息是 I/O 设备与 CPU 真正要交换的信息。接口与 CPU 之间传送的信息是并行格式的，但 I/O 设备与接口之间的数据信息可以是并行也可以是串行，相应的接口称为并行接口和串行接口。例如，键盘和鼠标等输入设备的接口是串口，而打印输出设备的接口是并口。不同的 I/O 设备要求传送的数据类型是不同的，例如和终端显示器交换的数据必须是 ASCII 码，而不能是二进制形式的数。

  (2) 状态信息

  状态信息从 I/O 接口输入到 CPU，表示 I/O 设备当前所处的状态。在 I/O 操作过程中，CPU 需要了解外部设备的当前状态，如外部设备是否空闲、是否已准备好接收数据等，然后才能实现计算机与外部设备之间的正确"握手"，达到与外设协调工作。常见的状态信息有 READY，EMPTY，BUSY 和 ACK 等，不同外部设备的状态信息数量和类别会有较大的差异。

  (3) 控制信息

  控制信息从 CPU 输出到 I/O 接口，主要是指控制外设操作和工作方式的信息，例如启动、停止外部设备等信息。

  根据外围设备的特点，CPU 对输入输出的控制可采用不同的方式，包括程序直接控制的 I/O 方式、中断控制方式和直接存储器存取(direct memory access,DMA)方式。前两种方式将在 9.2 和 9.3 节中专门介绍,而 DMA 方式因为主要是由硬件 DMA 控制器实现其传送功能,所以下面做简单介绍。

9.1.2　直接存储器存取(DMA)方式

DMA 方式也称为成组数据传送方式,主要适用于一些高速的 I/O 设备,这些设备传输字节或字的速度非常快。对于这类高速 I/O 设备,如果采用输入输出指令或采用中断的方法来传输字节,会大量占用 CPU 的时间,同时也容易造成数据丢失。而 DMA 方式能使I/O设备直接和存储器进行成批数据的快速传送。

DMA 控制器或接口一般包括四个寄存器:状态控制寄存器、数据寄存器、地址寄存器和字节计数器。这些寄存器在信息传送之前需要进行初始化设置,即在输入输出程序中用汇编语言指令对各个寄存器写入初始化控制字。其中,地址寄存器中设置要传送的数据块的首地址;字节计数器中设置要传送的数据块长度(字节数);状态控制寄存器中设置控制字,指出数据是输入还是输出,并启动 DMA 操作。每个字节传送后,地址寄存器加 1,字节计数器减 1。

DMA 控制 I/O 设备与主存之间的数据交换过程如下:

(1) DMA 控制器向 CPU 发出总线使用请求信号 HOLD;

(2) CPU 向 DMA 控制器发出响应信号 HOLD,并让出总线,DMA 控制器获得总线控制权;

(3) 通过地址总线发出存储器地址;

(4) 传输数据字节;

(5) 地址寄存器加 1,指向下一个要传送的字节,字节计数器减 1;

(6) 字节计数器非 0,转(3);

(7) DMA 控制器撤销总线请求信号 HOLD,传送结束。

9.2　程序直接控制 I/O 方式

程序直接控制 I/O 方式是指 CPU 与 I/O 设备之间的数据传送完全是在用户程序的控制下来实现的。它可以分为无条件传送和程序查询两种方式。无条件传送方式认为 I/O 设备总是处于就绪状态,可以直接对其进行输入输出操作。这种方式主要适用于 I/O 设备的各种动作时间间隔固定并且条件已知的情况,或者是 CPU 与 I/O 设备可以完全同步操作的情况。程序查询方式则是先了解 I/O 设备的状态,然后才能进行输入输出操作。因为,大多数 I/O 设备与 CPU 之间的操作是不同步的,当 CPU 执行 I/O 指令时,很难保证I/O设备一定处于准备就绪状态,若强行执行 I/O 操作,很可能造成数据流失。本节将通过具体事例介绍程序直接控制方式下的输入输出程序设计。

9.2.1　I/O 端口

I/O 设备是通过接口与 CPU 相连的。I/O 接口部件中一般有三种寄存器:用做数据缓冲的数据寄存器;用做保存设备和接口的状态信息,供 CPU 测试外设的状态寄存器;用做保存 CPU 发出的命令以控制接口和设备操作的命令寄存器。这些寄存器都分配有各自的端口号,CPU 就是通过不同的端口号来选择各种外部设备的。

8086 中全部 I/O 端口编址均在一个独立的地址空间中。这些空间称为 I/O 地址空间,它允许设置 64K(65536)个 8 位端口或 32K(32768)个 16 位端口,但实际上只用了很小一部分的端口地址,因为系统中一般与主机相连的外部设备和大容量存储设备只有十几个。

9.2.2　I/O 指令

8086 的 I/O 地址空间独立于存储器,因此它使用专门的 I/O 指令来存取 I/O 端口的信息。第 3 章指令系统中已介绍了 I/O 指令 IN 和 OUT,这两条指令可以传送字节或字信息,而且有直接和间接两种端口寻址方式。

I/O 指令是 CPU 与外部设备进行通信的最基本途径,是使用 DOS 功能调用或 BIOS 例行程序,其本身也用 IN 和 OUT 指令与外部设备进行数据交换。使用 I/O 指令对端口地址进行直接地输入或输出,比调用 DOS 功能或 BIOS 例行程序更能提高数据的传送速度和吞吐量,但同时也要求程序员对计算机的硬件结构有一定的了解,其程序对硬件的依赖性很大。因此,对于一般的程序设计,还是应尽可能使用 DOS 或 BIOS 功能调用。

9.2.3　I/O 程序举例

【例 9.1】　设计一个直接控制扬声器发声的子程序 SOUND。

分析:设备控制寄存器如图 9.1 所示,其 I/O 端口地址为 61H。程序可通过 I/O 指令使设备控制寄存器的 D1 位交替为 0 和 1,而端口的 D1 位和扬声器的脉冲门相连,当 D1 位由 0 变为 1,延迟一段时间又由 1 变为 0 时,脉冲门就会先打开后关闭,产生一个脉冲电流。这个脉冲电流被放大后送到扬声器使之发出声音。端口的 D0 位和一个振荡器(2 号定时器)相连,现在不用其发声,所以将 D0 位置 0。

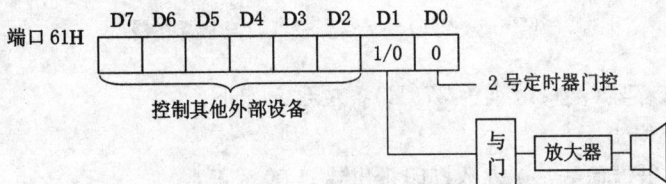

图 9.1　设备控制寄存器

子程序如下:

```
;子程序名 SOUND
;入口参数:BX 中存放音频频率 6 000              ;CX 中存放声音延迟时间 1 000
SOUND    PROC    NEAR
         PUSH    AX
         PUSH    DX
         MOV     DX,CX              ;声音延迟时间送 DX
         IN      AL,61H             ;取端口 61H 内容
         AND     AL,11111100B       ;将 D0,D1 位置 0,关闭定时器
```

```
TRIG：   XOR      AL,2                    ;将 D1 位变反
         OUT      61H,AL                  ;输出到端口 61H
         MOV      CX,BX                   ;设置延时空循环的次数
DELAY：  LOOP     DELAY
         DEC      DX                      ;循环 1 000 次
         JNZ      TRIG
         POP      DX
         POP      AX
         RET
SOUND        ENDP
```

通常一个外设的数据端口是 8 位的,而状态与控制信息只需一位或两位,所以不同外设的状态和控制位可以共用一个端口。61H 端口的 0、1 位是控制扬声器的,2～7 位分别控制其他外部设备。

【例 9.2】 采用程序查询方式,将字符数组 BUF 中数据打印输出。

分析:通过反复读取并测试打印机的状态来控制输出。在打印机接口中,数据寄存器的端口地址为 378H,状态寄存器的端口地址为 379H,控制寄存器的端口地址为 37AH。其中状态寄存器和控制寄存器中各位的定义如图 9.2 所示。

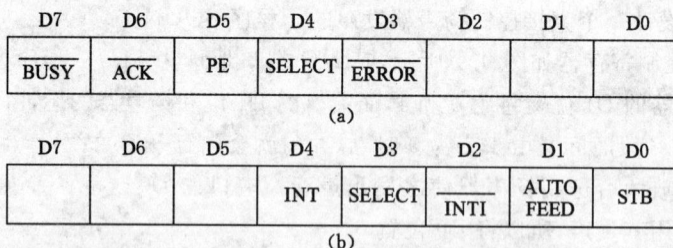

D7	D6	D5	D4	D3	D2	D1	D0
$\overline{BUSY}$	$\overline{ACK}$	PE	SELECT	$\overline{ERROR}$			

(a)

D7	D6	D5	D4	D3	D2	D1	D0
			INT	SELECT	$\overline{INTI}$	AUTO FEED	STB

(b)

图 9.2 打印机状态寄存器和控制寄存器

其中,状态寄存器(端口地址为 379H)各位含义如下:

(1) D0～D2 位未用。

(2) D3 位是出错信号。0 表示打印机出错;1 表示正常。

(3) D4 位是联机信号。0 表示没有联机;1 表示处于联机状态。

(4) D5 位是缺纸信号。0 表示正常;1 表示打印机缺纸。

(5) D6 位是应答信号。当打印机从接口中正确接收 1 字节数据后,就回送一个低电位的应答信号。

(6) D7 位是忙信号。0 表示打印机忙;1 表示打印机空闲。

控制寄存器(端口地址为 37AH)各位含义如下:

(1) D0 位是数据选通信号。CPU 通过先置 1 再清 0 来通知打印机从数据部件中取走 1 字节数据并打印。

(2) D1 位是自动换行信号。0 表示通过向打印机输出换行符控制走纸;1 表示打印机自动换行走纸。

(3) D2 位是初始化信号。打印机正常工作时总是把这一位置 1。

(4) D3 位是联机信号。1 表示设置打印机为联机工作方式。

(5) D4 位是允许中断信号。0 表示禁止中断方式;1 表示允许以中断方式工作。

(6) D5～D7 位未用。

程序如下:

```
DATA        SEGMENT
  BUFF  DB  'Printer is normal',0DH,0AH    ;待打印输出的字符串
  LEN   EQU  $-BUFF                        ;待输出字符的个数
DATA        ENDS
CODE        SEGMENT
MAIN        PROC      FAR
  ASSUME  CS:CODE,DS:DATA
START: MOV  AX,DATA
       MOV  DS,AX
       MOV  CX,LEN                         ;设置循环次数
       LEA  BX,BUFF                        ;将字符串首地址送入 BX
INTI:  MOV  DX,379H                        ;状态寄存器端口地址送入 DX
WAIT:  IN   AL,DX                          ;读取状态信息
       TEST AL,80H                         ;测试打印机状态
       JE   WAIT                           ;若忙则循环等待
       MOV  DX,378H                        ;若空闲则通过数据端口
       MOV  AL,[BX]                        ;输出数据
       OUT  DX,AL
       MOV  DX,37AH
       MOV  AL,0DH
       OUT  DX,AL                          ;置 STB 信号为 1
       MOV  AL,0CH
       OUT  DX,AL                          ;置 STB 信号为 0
;先 1 后 0 通知打印机取走数据
       INC  BX                             ;BX 指向下一个字符
       LOOP INIT                           ;循环
       MOV  AX,4C00H                       ;返回 DOS
       INT  21H
MAIN        ENDP
CODE        ENDS
       END  START
```

当系统中有多个外设要求交换数据时,可编写一段循环程序轮流查询这些设备的状态位。当某一设备准备就绪,就为它传送一个数据,否则查询下一个设备是否准备好,查询一遍后再循环查询。

这种方式的优点是:可以方便地安排外设的先后优先次序,最先查询的设备,其优先级

也最高,还可以通过修改程序中的查询次序来修改设备的优先级。其缺点是:在查询过程中,浪费了 CPU 原本可执行大量指令的时间,而且由询问转向相应的处理程序的时间较长,尤其在设备比较多的情况下。为了使高速工作的 CPU 与低速工作的外设之间能高效地交换数据,计算机系统中引入了中断方式。它使得高性能的 CPU 解放出来,在外设准备时期可执行其他程序,从而提高了整个系统的工作效率。

9.3 中断传送方式

9.3.1 8086 的中断分类

中断是指 CPU 在执行程序的过程中,当出现异常情况或特殊请求时,CPU 停止现行程序的运行,转向对这些异常情况或特殊请求的处理,处理结束后再返回现行程序的间断处,继续执行原程序。引起中断的原因或发出中断请求的来源称为中断源。根据引发中断的中断源的位置不同,中断可分为内中断和外中断。

9.3.1.1 内中断

内中断是指由 CPU 内部引起的中断,又称为软件中断。引起内部中断的原因通常有三种情况:中断指令 INT 引起、CPU 的某些错误引起和专为调试程序设置的中断。

(1) 中断指令 INT 引起的内中断

CPU 执行完一条 INT N 指令后,会立即产生中断,并且调用系统中相应的中断处理程序来完成中断功能,中断指令中的 N 指出中断类型号,其值为 0~255。

例如:INT 21H

(2) 由 CPU 出错引起的中断

CPU 在执行程序时,可能会发现一些运算中出现的错误,这时 CPU 就以中断的方式中止正在执行的程序,待程序员改正错误后,重新运行程序。这类中断来源有以下两种:

① 除法出错中断。

CPU 在执行除法指令时,如果除数为 0 或商超过了寄存器能表达的范围时,就立即产生一个中断类型号为 0 的内中断。

② 溢出中断。

CPU 在执行算术运算过程中,如果运算结果使得溢出标志 OF 置为 1,则 INTO 指令引起一个中断类型号为 4 的溢出中断;如果 OF 为 0,则不会产生溢出中断。

(3) 专为调试程序(如 turbo debug)而设置的中断。

一般情况下,程序编制好之后,都要进行调试才能正确可靠地工作。在程序调试过程中,为了检查中间结果或寻找程序中的问题,往往要在程序中设置断点或进行单步工作(一次只执行一条指令),这些功能都可以通过设置中断来实现。

9.3.1.2 外中断

外中断是指来自处理机外部条件(例如 I/O 设备或其他处理机)产生的中断,又称为硬件中断。这类中断的出现通常带有随机性。外中断的来源主要有两种:可屏蔽中断(INTR)和不可屏蔽中断(NMI)。

（1）可屏蔽中断

可屏蔽中断是指由外部设备的请求引起的中断。这些外部设备一般有硬磁盘、软磁盘、显示器、打印机等，它们通过可编程中断控制器 8259A 和 CPU 相连。需要注意的是，CPU 是否响应外设的中断请求，有两个控制条件：外设的中断请求是否屏蔽以及 CPU 是否允许响应中断。这两个控制条件分别由 8259A 的中断屏蔽寄存器（IMR）和中断允许标志位 IF 控制。中断屏蔽寄存器如图 9.3 所示。它是一个 8 位的寄存器，I/O 端口地址为 21H。其中每一位对应一个特定的外部设备，通过设置某位为 0 或 1 来允许或禁止相应外部设备的中断请求。

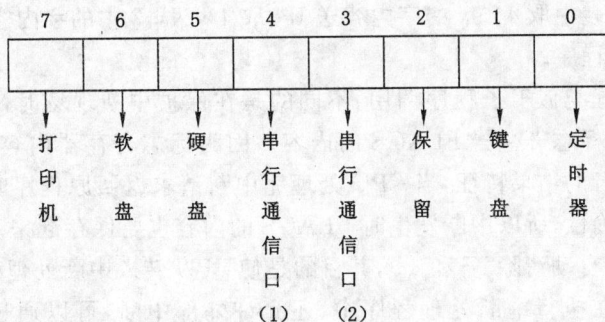

7	6	5	4	3	2	1	0
打印机	软盘	硬盘	串行通信口（1）	串行通信口（2）	保留	键盘	定时器

图 9.3　中断屏蔽寄存器（I/O 端口地址为 21H）

CPU 是否响应外设的中断请求，还与标志寄存器中的中断允许标志位 IF 有关。如果 IF 为 0，则 CPU 禁止响应任何外设的中断请求；如果 IF 为 1，则允许 CPU 响应外设的中断请求。IF 的设置可以通过指令 STI 或 CLI 来实现。

（2）不可屏蔽中断

不可屏蔽中断是指与中断允许标志位 IF 无关的外中断，其中断类型号为 2。如果系统有这类中断请求，CPU 总是会响应的。所以不可屏蔽中断主要用于一些紧急事务的处理，如电源掉电等。

9.3.2　中断向量表

计算机中断系统给每种中断都安排一个中断类型号，8086 中断系统能处理 256 种类型的中断，类型号为 00H～0FFH。每种类型的中断都有相应的中断处理程序来处理。中断处理程序的入口地址（包括偏移地址和段地址）称为中断向量，所有中断向量集合在一起形成的线性表就称为中断向量表。中断向量表位于存储器地址从 0 开始的存储区域中（第 7 章图 7.1）。中断操作包括五个步骤：

① 取中断类型号；

② 计算中断向量地址；

③ 取中断向量，偏移地址送 IP，段地址送入 CS；

④ 转入中断处理程序；

⑤ 中断返回到 INT 指令的下一条指令。

9.3.3　中断过程

当中断发生时,由中断机构自动完成下列动作:

① 取中断类型号 N;

② 标志寄存器(FLAGS)内容入栈;

③ 当前代码段寄存器(CS)内容入栈;

④ 当前指令计数器(IP)内容入栈;

⑤ 禁止硬件中断和单步中断(IF=0,TF=0);

⑥ 从中断向量表中取 4×N 的字内容送 IP,取 4×N+2 中的字内容送 CS;

⑦ 转中断处理程序。

中断发生的过程类似于子程序调用,不同的是在保护中断现场时,除了保护返回地址 CS:IP 之外,还保存标志寄存器 FLAGS 的内容。因为标志寄存器内容记录了 INTR 中断发生时程序指令运行的结果特征,当 CPU 处理完中断请求返回原程序时,需要保证原程序工作的连续性和正确性,所以中断发生时 FLAGS 的内容也要保存起来。另一个不同点是,在中断发生时 CPU 自动清除 IF 和 TF,其目的是使 CPU 转入中断处理程序后,不允许再产生新的中断。如果在执行中断处理程序中,还允许外部中断,可以通过 STI 指令再将 IF 置 1。

编写中断处理程序和子程序一样,所使用的汇编语言指令没有特殊限制,只是中断处理程序返回时使用 IRET 指令。这条指令的工作步骤和中断发生的工作步骤正好相反,它首先把 IP,CS 和 FLAGS 的内容出栈,然后返回到中断发生时紧接着的下一条指令,CPU 接着执行原来的程序。

9.3.4　中断优先级和中断嵌套

(1) 中断优先级

8086 处理机为各中断类型规定了一个中断优先级次序。当多个中断源同时发起中断请求时,CPU 按优先级从高到低的次序依次处理各中断请求。

优先级从高到低的次序为:不可屏蔽中断(NMI)→内部中断→可屏蔽中断(INTR)→单步中断。其中可屏蔽中断的优先级又分为八级,在正常的优先级方式下,优先级次序是:IR0,IR1,IR2,IR3,IR4,IR5,IR6,IR7。这八级与图 9.3 对应,即定时器优先级最高,而打印机优先级最低。

(2) 中断嵌套

正在运行的中断处理程序,又被其他中断源中断,这种情况叫做中断嵌套。8086 没有规定中断嵌套的层数,但在实际使用时,多层中断嵌套受到堆栈容量的限制。所以如果自己编写中断处理程序,一定要考虑是否有足够的堆栈单元存放多次中断的断点及各寄存器的内容。

9.3.5　中断处理程序设计

编写中断处理程序与标准子程序很类似,下面是编写中断处理程序的步骤:

① 现场保护(保存寄存器内容);

② 如果允许中断嵌套,则开中断(STI);

③ 处理中断;

④ 关中断(CLI);

⑤ 送中断结束命令(EOI)给中断命令寄存器;

⑥ 恢复寄存器内容;

⑦ 返回被中断的程序(IRET)。

【例 9.3】 编写一中断处理程序,中断类型号位 60H,功能为显示一字符串"This is new int 60H"。

分析:主程序的任务是设置中断向量,并测试中断是否正确。在新的中断处理程序中,调用 INT 21H 显示字符串。为了避免破坏原 60H 号中断向量,首先读取并保存原中断向量,以便在测试新的 60H 号中断后恢复原中断向量。

编写程序为:

```
DATA        SEGMENT
  CHAR  DB  'This is new int 60H',0DH,0AH,'$'    ;需显示的字符串
DATA        ENDS
CODE        SEGMENT
MAIN    PROC        FAR
  ASSUME  CS:CODE,DS:DATA
START：MOV   AL,60H                    ;读取原 60H 中断向量
        MOV   AH,35H
        INT   21H                      ;读取的中断向量位于
                                       ES:BX 中

        PUSH  ES                       ;原 60H 中断向量压栈保存
        PUSH  BX
;设置新的 60H 中断向量
        MOV   DX,OFFSET  SHOW          ;中断向量的偏移地址放在
                                       DX 中

        MOV   AX,SEG  SHOW             ;中断向量的段地址放在
                                       DS 中

        MOV   DS,AX
        MOV   AL,60H                   ;新的中断类型号放在
                                       AL 中

        MOV   AH,25H                   ;用 DOS 功能调用中 25H
                                       号功能

        INT   21H                      ;设置中断向量
;调用新的 60H 号中断进行测试
        INT   60H
;恢复原 60H 号中断向量
        POP   DX
```

```
            POP       DS
            MOV       AL,60H
            MOV       AH,25H
            INT       21H
            MOV       AH,4C00H                        ;返回 DOS
            INT       21H
MAIN        ENDP
;新的 60H 号中断处理程序
SHOW        PROC      FAR
;保护现场
            PUSH      AX
            PUSH      BX
            PUSH      DX
            PUSH      BP
            PUSH      DS
            PUSH      ES
            STI                                       ;开启中断
            PUSH      CS                              ;设置 DS=CS
            POP       DS
            MOV       DX,OFFSET   CHAR                ;显示字符串 CHAR
            MOV       AH,9
            INT       21H
            CLI                                       ;关闭中断
;恢复现场
            POP       ES
            POP       DS
            POP       DX
            POP       BX
            POP       AX
            RET
SHOW        ENDP
CODE        ENDS
            END       START
```

9.4 BIOS 和 DOS 中断

BIOS(basic input/output system)中断和 DOS(disk operating system)中断属于软件中断范畴,它们提供的功能给程序员的编程带来了很大方便。在实际编程中,用户一般可采用三种方法来操作硬件或外设:直接通过端口编程、DOS 中断和 BIOS 中断。直接通过端口编程的优点是处理速度最快;缺点是要求编程人员对硬件有比较深的了解,另外硬件环境的改变会直接影响程序的正常运行。DOS 中断与底层硬件相距较远,操作需经过中间转换才可控制操作对象,所以速度会受到一定的降低,但其适应性强、应用范围广且对硬件的依赖性较小。BIOS 中断的优劣介于前两者之间。程序员可在以下三种情况中考虑使用 BIOS 中断:

① BIOS 提供的功能 DOS 没有;

② 不能利用 DOS 中断;

③ 基于处理速度的考虑,需要绕过 DOS 层。

9.4.1　键盘 I/O

键盘是计算机最基本的一种输入设备,上面的按键主要有三种类型:字符键(如字母、数字等)、功能键(如 F1~F12,Delete 等)和组合控制键(如 Alt,Ctrl,Shift 等)。键盘通过单片机 Intel 8048 来控制对键盘的扫描过程,按键的识别采用行列扫描法,所按键的编码(8 位扫描码)通过键盘的数据线传送到主机。

9.4.1.1　字符码与扫描码

当处理器处于开中断状态并且允许键盘发出中断请求时,键盘上"按下"或"放开"一个键就会产生类型为 09H 的硬件中断,并转入到 BIOS 的键盘中断处理程序。该处理程序从8255 并行接口芯片的输入端口 60H 读取一个字节,字节的第 7 位是键的扫描码。最高位是0,表示键是"按下"状态,读取的字节称为通码;最高位是 1 表示键是"放开"状态,读取的字节称为断码。

BIOS 键盘处理程序将取得的扫描码转换成字符码,并与扫描码一并存入 ROM BIOS数据区的键盘缓冲区 KB_BUFFER 中。该缓冲区是一个先进先出的循环队列,长度为 16个字节。BUFF_HEAD 和 BUFF_TAIL 是缓冲区的头尾指针,两者相等时表示键盘缓冲区为空。键盘缓冲区的结构如下:

```
0040:001A   BUFF_HEAD  DW   ?            ;缓冲区首地址
0040:001C   BUFF_TAIL  DW   ?            ;缓冲区末地址
0040:001E   KB_BUFFER  DW   16 DUP(?)    ;缓冲区空间
```

9.4.1.2　BIOS 键盘中断

BIOS 键盘中断的类型号为 16H,它的中断处理程序包括 3 个不同的功能,功能类型由AH 寄存器中的值选择,见表 9.1。

表 9.1　　　　　　　　　　　　　　**BIOS 键盘中断(INT　16H)**

AH	功　能	返回参数
0	从键盘读一个字符	AL=字符码;AH=扫描码
1	读键盘缓冲区的字符	若 ZF=0,则 AL=字符码,AH=扫描码 若 ZF=1,则缓冲区空
2	取键盘状态字节	AL=键盘状态字节

键盘上大部分按键的字符码是一个标准的 ASCII 码,但有些按键没有 ASCII 码,如 Shift,Ctrl,Alt,Num,Lock,Scroll,Ins 和 Caps Lock。通常用一个字节来表示这些按键的状态,此字节称为键盘状态字节(KB_FLAG),如图 9.4 所示。采用表 9.1 中的 2 号功能可以将 KB_FLAG 回送到 AL 寄存器,指令序列如下:

```
MOV    AH,2
INT    16H
```

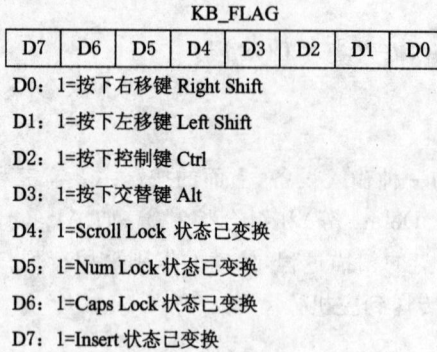

KB_FLAG

D7	D6	D5	D4	D3	D2	D1	D0

D0: 1=按下右移键 Right Shift

D1: 1=按下左移键 Left Shift

D2: 1=按下控制键 Ctrl

D3: 1=按下交替键 Alt

D4: 1=Scroll Lock 状态已变换

D5: 1=Num Lock 状态已变换

D6: 1=Caps Lock 状态已变换

D7: 1=Insert 状态已变换

图 9.4   键盘状态字节

9.4.1.3   DOS 键盘功能调用

在 DOS 系统调用中也有部分功能用于键盘 I/O 操作,与键盘有关的系统调用功能见表 9.2,其中键盘操作功能 1,7,0AH,0CH 等都是常用的功能。0CH 的功能还可以在读入字符之前先清除键盘缓冲区,再执行读取键盘的操作,这个功能在实际应用程序中经常使用。

表 9.2   DOS 键盘操作(INT   21H)

AH	功　能	调用参数	返回参数
1	从键盘输入一个字符并回显在屏幕上		AL=字符
6	读键盘字符	DL=0FFH	AL=字符(有字符) AL=0(无字符)
7	从键盘输入一个字符,不回显		AL=字符
8	从键盘输入一个字符,不回显 (检查 Ctrl+Break)		AL=字符
A	输入字符到缓冲区	DS:DX=缓冲区首址	
B	读键盘状态		AL=0FFH(有键入) AL=0(无键入)
C	清除键盘缓冲区,并调用一种键盘功能	AL=键盘功能号 (1,6,7,8,A)	

9.4.2　显示器 I/O

显示器是计算机的一种基本输出设备,通过显示适配器(也称为显示卡)与主机相连。现在常用的显示适配器都支持字符显示和图形显示两种方式。这里仅介绍字符显示。

9.4.2.1　基础知识

显示器的屏幕通常是一个行和列的二维系统。例如,屏幕被划分成 25 行(0~24)和 80 列(0~79 列),一屏幕上就有 2 000(25×80)个字符。可以用行号和列号组成的坐标来表示屏幕上的每个显示位置,如左上角的坐标为(0,0),右下角的坐标为(24,79)。

对应显示屏幕上的每个字符,在存储器中由连续的两个字节表示,一个字节保存 ASCII 码,另一个字节保存字符的属性。

(1) 单色字符显示

对于单色显示,字符的属性定义了字符的显示特征,如字符是否闪烁、是否加强亮度、是否加反相显示等。单色显示属性字节的各位功能如图 9.5 所示。

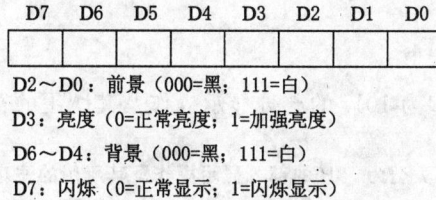

D2~D0:前景(000=黑;111=白)

D3:亮度(0=正常亮度;1=加强亮度)

D6~D4:背景(000=黑;111=白)

D7:闪烁(0=正常显示;1=闪烁显示)

图 9.5　单色显示的属性字节

属性值可以任意组合,表 9.3 是一些单色显示的属性。

表 9.3　　　　　　　　　　　　　　单色显示的属性

二进制	十六进制	显示效果
00000000	00	无显示
00000001	01	黑底白字,下划线
00000111	07	黑底白字,正常显示
00001111	0F	黑底白字,高亮度
01110000	70	白底黑字,反相显示
10000111	87	黑底白字,闪烁
11110000	F0	白底黑字,反相闪烁

(2) 彩色字符显示

对于彩色显示,属性字节能够选择前景(显示的字符)和背景的颜色。每个字符可以选择 16 种颜色中的一种,背景有 8 种颜色可以选择。图 9.6 是 16 色方式下的属性字节。

前景的 16 种颜色由位 0~3 组合,RGB 分别表示红、绿、蓝,BL 表示闪烁,I 为亮度,闪烁和亮度只应用于前景。表 9.4 列出了 16 色字符方式颜色的组合。

```
  7   6   5   4   3   2   1   0
┌────┬───┬───┬───┬───┬───┬───┬───┐
│ BL │ R │ G │ B │ I │ R │ G │ B │
└────┴───┴───┴───┴───┴───┴───┴───┘
   ↓    └──────┬──────┘  └──────┬──────┘
  闪烁        背景              前景
```

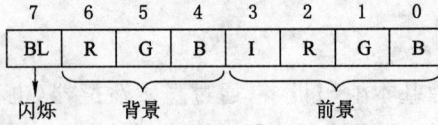

图 9.6 16 色方式下的属性字节

表 9.4   16 种颜色的组合

颜色	I R G B	颜色	I R G B	颜色	I R G B	颜色	I R G B
黑	0 0 0 0	灰	0 1 0 0	红	1 0 0 0	浅红	1 1 0 0
蓝	0 0 0 1	浅蓝	0 1 0 1	品红	1 0 0 1	浅品红	1 1 0 1
绿	0 0 1 0	浅绿	0 1 1 0	棕	1 0 1 0	黄	1 1 1 0
青	0 0 1 1	浅青	0 1 1 1	灰白	1 0 1 1	白	1 1 1 1

9.4.2.2 BIOS 显示中断

表 9.5 列出了中断类型为 10H 的部分显示操作及其所用的寄存器。

表 9.5   中断类型为 10H 的部分显示操作及其所用的寄存器

AH	功能	调用参数	返回参数
1	置光标类型	(CH)0−3＝光标开始行;(CL)0−3＝光标结束行	
2	置光标位置	BH＝页号;DH＝行;DL＝列	
3	读光标位置	BH＝页号	CH/CL＝光标开始/结束行;DH/DL＝行/列
5	置当前显示页	AL＝页号	
6	屏幕初始化或上卷	AL＝上卷行数;AL＝0 全屏幕为空白;BH＝卷入行属性;CH/CL＝左上角行号/左上角列号;DH/DL＝右下角行号/右下角列号	
7	屏幕初始化或下卷	AL＝下卷行数;AL＝0 全屏幕为空白;BH＝卷入行属性;CH/CL＝左上角行号/左上角列号;DH/DL＝右下角行号/右下角列号	
8	读光标位置的属性和字符	BH＝显示页	AH＝属性;AL＝字符
9	在光标位置显示字符及属性	BH＝显示页;AL＝字符;BL＝属性;CX＝字符重复次数	
A	在光标位置只显示字符	BH＝显示页;AL＝字符;CX＝字符重复次数	

9.4.2.3　DOS 显示功能调用

表 9.6 是 DOS 系统功能调用中部分字符显示功能,主要有单字符显示和字符串显示。当显示一个字符后,光标将自动后移,指向下一个显示位置。

表 9.6　　　　　　　　　　　　　　INT　21H 显示操作

AH	功　能	调用参数	备　注
2	显示一个字符 (检查 Ctrl＋Break)	DL＝字符	光标跟随字符移动
6	显示一个字符 (不检查 Ctrl＋Break)	DL＝字符	光标跟随字符移动
9	显示字符串	DS:DX＝串地址	串必须以'＄'结尾,光标跟随串移动

9.4.3　磁盘文件存取技术

外部设备一般分为两类:一类为字符设备;另一类为大容量存储设备。前面几节介绍的键盘、显示器、打印机和串行通信口等都是字符设备。大容量的存储设备包括软磁盘、硬磁盘、磁带、光盘等。特别是温切斯特硬磁盘,容量大而且速度快,一直是微型机理想的外存储器。

磁盘操作系统(DOS)提供了一组 DOS 磁盘存取功能,可以很方便地引用这组功能调用从磁盘上读取某个文件或把一个文件写入到磁盘中去。文件是存放在磁盘上的程序或数据。不同的 DOS 版本提供了不同的文件读取方式。这里主要讨论 DOS2.0 以上版本提供的文件代号式磁盘存取方式。

9.4.3.1　磁盘的记录方式

DOS 将磁盘分为两部分:用于存放磁盘重要信息的系统区和用于存储数据的数据区。其中系统区又分为三部分:引导记录、文件分配表(FAT)和目录。系统区和数据区的组织如图 9.7 所示。

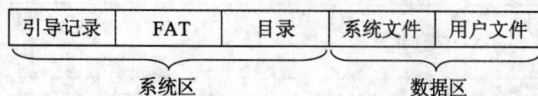

图 9.7　磁盘的组织

引导记录是一个几百字节的短程序,可以完成加载 DOS 至计算机内存的初始化工作。文件分配表(FAT)用来记录磁盘中每部分的状态。DOS 需要以某种方式保存磁盘数据区的状态,以便了解哪些部分可以写入新的数据,哪些部分正在使用。当一个文件被记录在磁盘数据区时,磁盘空间以族(磁盘空间逻辑单元,一般为若干扇区大小)为单位分配给文件。簇的大小随磁盘格式和容量大小变化,一般为 8 扇区或 4 扇区。FAT 的入口项长12 位或 16 位,因为数据文件可能长于一个簇,所以 FAT 中的数字用于链接包含一个文件的所有簇。FAT 为 DOS 提供空间以保存磁盘空间的分配踪迹,使磁盘空间与踪迹保持功能分离。

目录用于记录存储在磁盘上的文件,对每个文件有一个目录项,它记录由 8 个字符组成的文件名、3 个字符组成的扩展名、文件属性、文件大小、存入及修改文件的时间、文件起始簇号等。每个目录项占 32 字节。

数据区中存放系统文件和用户文件。在可引导磁盘的数据区,第一个扇区装有 DOS 系统的两个系统文件:IBMBIO. COM 与 IBMDOS. COM(PC－DOS)或 IO. SYS 与 MSDOS. SYS(MS－DOS)。系统文件之后是用户文件,如果没有系统文件,用户文件就从第一扇区开始存放。子目录也存于数据区,其信息被保存在 FAT 表中。

9.4.3.2 文件代号式磁盘存取

在 DOS 2.0 以上的版本中,为了支持 DOS 的层次结构,引用了树型目录结构,因此增加了文件代号式磁盘文件存取方式。这种文件存取方式的主要特点:① 有关文件的信息都包含在 DOS 操作系统中,对用户程序完全透明;② 文件名(含路径)用一个简单的文件代号表示,按文件代号进行文件操作,并且由系统给各种标准 I/O 设备(例如键盘、显示器、打印机等)预分配一个设备文件代号,很容易实现文件操作和设备操作的统一;③ 最小的数据读写单位是字节,读写文件的方式灵活。DOS 为每个打开的文件管理一个读写指针,读写指针总是指向下一次要读写的字节,这种方式就是顺序读写。此外,也可以将读写指针移动到文件中的任意位置处读写,这样也就方便地实现了随机读写。④ 文件代号存取方式对各种操作错误采用了统一的编码,并由 AX 返回错误编码,便于用户分析错误,也为程序对错误的统一处理提供了方便。

(1) 代号式文件管理功能调用

DOS 2.0 为文件代号存取方式提供了一系列的系统调用功能,利用这些调用功能可方便地实现所需的文件操作。常用的部分功能调用见表 9.7。

表 9.7 INT 21H 代号式文件管理功能调用

AH	功能	调用参数	返回参数
3CH	建立文件	DS＝ASCIZ 串的段地址;DX＝ASCIZ 串的偏移地址;CX＝文件属性	CF＝0 操作成功,AX＝文件代号;CF＝1 操作出错,AX＝错误代码
3DH	打开文件	DS＝ASCIZ 串的段地址;DX＝ASCIZ 串的偏移地址;AL＝存取代码	CF＝0 操作成功,AX＝文件代号;CF＝1 操作出错,AX＝错误代码
3EH	关闭文件	BX＝文件代号	CF＝0 操作成功,AX＝文件代号;CF＝1 操作出错,AX＝错误代码
3FH	读文件或设备	DS＝数据缓冲区段地址;DX＝数据缓冲区偏移地址;BX＝文件代号;CX＝读取的字节数	CF＝0 读成功,AX＝实际读入的字节数,AX＝0 文件结束;CF＝1 读出错,AX＝错误代码
40H	写文件或设备	DS＝数据缓冲区段地址;DX＝数据缓冲区偏移地址;BX＝文件代号;CX＝写入的字节数	CF＝0 写成功,AX＝实际写入的字节数;CF＝1 写出错,AX＝错误代码
42H	移动文件指针	CX＝所需字节的偏移地址(高位)DX＝所需字节的偏移地址(低位)AL＝方式码;BX＝文件代号	CF＝0 操作成功,DX:AX＝新指针位置;CF＝1 操作失败,AX＝错误代码
43H	检验或改变文件属性	AL＝0 检验文件属性;AL＝1 置文件属性;CX＝新属性;DS＝ASCIZ 串的段地址;DX＝ASCIZ 串的偏移地址	CF＝0 操作成功,AL＝0,CX＝属性;CF＝1 操作失败,AX＝错误代码

（2）路径名和 ASCIZ 串

按文件代号存取磁盘文件时,首先要定义文件的路径和文件名字符串的首地址,路径说明文件的位置(文件所在驱动器及目录),文件名指定要存取的文件,并且在路径和文件名后必须以一个值为 0 的字节结束。例如:

PATHNM1　DB　'C:\DOS\TEST. ASM',0

PATHNM2　DB　'D:\PROGRAM\SAMPLE.DAT',0

串中的后斜线起分隔各项的作用。上面两个字符串都用一个 0 作为结束,所以称为 ASCIZ 串(ASCII_AERO)。路径名的最大长度为 63 个字节,对于请求 ASCIZ 串的中断调用,要求把 ASCIZ 串的地址装在 DX 寄存器中。

（3）文件代号和错误返回代码

在文件代号存取方式中,被操作的文件是由文件代号来确定的。文件代号是打开文件或创建文件时由 DOS 分配的一个 16 位无符号数,通过 AX 返回给应用程序(文件代号也称为文件句柄)。用户文件的文件代号都是大于等于 5 的 16 位数,而文件代号(0~4)由 DOS 预分配给了系统的标准 I/O 设备,其中:0＝标准输入设备;1＝标准输出设备;2＝标准错误输出设备;3＝标准辅助设备;4＝标准打印设备。

用户程序可以直接使用这些标准 I/O 设备的文件代号。在文件代号方式的存取操作中,CF＝0 表示操作成功;CF＝1 表示操作失败,并且 AX 将返回错误类型编码,有关错误类型编码见表 9.8。

表 9.8　　　　　　　　　　　错误返回代码

编码	错误类型	编码	错误类型
01	非法功能号	19	磁盘写保护
02	文件未找到	20	未知单元
03	路径未找到	21	驱动器没有准备好
04	同时打开文件太多	22	未知命令
05	无存取许可权	23	CRC 数据错
06	非法文件代号	24	请求指令长度错
07	内存控制块被破坏	25	搜索错
08	内存不够	26	未知的介质类型
09	非法存储块地址	27	扇区未发现
10	非法环境	28	打印机纸出界
11	非法格式	29	写故障
12	非法存取代码	30	读故障
13	非法数据	31	一般性失败
14	（未用）	32	共享违例
15	非法指定设备	33	锁违例
16	试图删除当前目录	34	非法磁盘更换
17	设备不一致	35	FCB 无效
18	已没有文件	36	共享缓冲区溢出

（4）文件属性和存取代码

文件属性是一个说明文件特性的字节，通过给文件赋予特定属性就可以实现保护文件和限制文件的使用范围等功能。在代号式文件管理中，文件属性字节各位的定义如图 9.8 所示。一个文件（含子目录）可以同时具有几种文件属性（例如系统＋隐藏＋只读），只需把该文件的属性字节的相应位置 1 即可。利用 INT 21H 中的 43H 功能可以获取或修改一个文件的属性。当 AL＝0 时可获取某文件的属性，由 CX 寄存器返回该文件的属性字节；当 AL＝1 时可设置文件属性，CX 为文件的新属性。

D7	D6	D5	D4	D3	D2	D1	D0
0	0						

D0：1=只读文件，该文件不能为写而打开

D1：1=隐文件，用DIR查不到该文件

D2：1=系统文件，用DIR查不到该文件

D3：1=软盘的卷标号

D4：1=子目录

D5：1=已写入并关闭了文件（硬盘用）

D6：保留位，总是为0

D7：保留位，总是为0

图 9.8　文件属性字节

打开文件操作（3DH）要检查文件名是否合法，文件是否有效。文件名是一个 ASCIZ 串，其他地址装入 DX 寄存器，并在 AL 中设置存取代码。存取代码告诉操作系统打开文件的目的是什么，例如打开一个属性是只读的文件，而目的是为了向文件中写入内容（AL 中存取代码 01），则操作将回送一个错误码 05（拒绝访问）。因此，文件属性和存取代码结合起来能防止非法读写文件。文件存取代码见表 9.9。

表 9.9　文件存取代码

位	存取代码
0～2	000＝为读而打开文件；001＝为写而打开文件；010＝为读和写打开文件
3	1＝保留
4～6	共享方式
7	继承标志

（5）移动读写指针

利用文件代号存取文件是以字节为存取单位的，一个文件被看做由许多字节组成，每次读写的字节数可任意指定，但一般还是被输入输出缓冲区的大小所限制。所以一个比较大的文件总是要分几次读写，每次读写的字节称为记录。操作系统为文件保存了一个称为读写指针的变量，由它指示应从文件的什么地方读出，或应往文件的什么地方写入。通过读写指针变量可以把每次读写的记录拼接起来。

DOS 提供的移动读写指针功能 42H，可以存取文件中间任意位置的记录。该功能要求在 BX 中指定文件代号，由 AL 中的代码确定改变指针的三种方式（表 9.10）。在每种方式

中，由 CX 和 DX 指定一个双字长的移动位移量，低位字在 DX 中，高位字在 CX 中，这个位移量是一个带符号的整数，它可以是正数，也可以是负数。

表 9.10　文件指针移动方式

AL	指针移动方式
00H	绝对移动方式：移动后的文件指针值＝0(文件头)＋移动位移量
01H	相对移动方式：移动后的文件指针值＝当前文件指针值＋移动位移量
02H	绝对倒移方式：移动后的文件指针值＝文件长(文件尾)＋移动位移量

(6) 应用举例

【例 9.4】　编写一程序实现以下要求：

① 建立一文件，路径为"D:\TASM\FILE1.DAT"；

② 打开该文件并且写入字符串"0123456789ABCDEFGHIJ"，然后关闭文件；

③ 打开文件，读 10 个字符到缓冲区；

④ 建立并且打开文件 FILE2.DAT，将缓冲区中的 10 个字符写入该文件。

编写程序如下：

```
DATA        SEGMENT
  F1   DB   'D:\TASM\FILE1.DAT',0
  F2   DB   'D:\TASM\FILE2.DAT',0
  ZF   DB   '0123456789ABCDEFGHIJ'
  HC   DB   50 DUP(0)
DATA        ENDS
CODE        SEGMENT
MAIN        PROC        FAR
  ASSUME   CS:CODE,DS:DATA
START:  MOV   AX,DATA
        MOV   DS,AX
        LEA   DX,F1
        MOV   CX,O
        MOV   AH,3CH
        INT   21H          ;建立文件 FILE1.DAT,文件代号在 AX 中
        MOV   SI,AX
        LEA   DX,ZF
        MOV   CX,20
        MOV   BX,AX
        MOV   AH,40H
        INT   21H          ;将 ZF 中 20 个字符写入文件 FILE1.DAT
        MOV   BX,SI
        MOV   AH,3EH
```

```
        INT    21H          ;关闭文件 FILE1. DAT
        LEA    DX,F1
        MOV    AL,0
        MOV    AH,3DH
        INT    21H          ;为读打开文件 FILE1. DAT
        MOV    SI,AX
        MOV    BX,AX
        MOV    CX,10
        LEA    DX,HC
        MOV    AH,3FH
        INT    21H          ;从文件 FILE1. DAT 中读取 10 个字符到 HC 中
        MOV    DI,AX
        LEA    DX,F2
        MOV    CX,0
        MOV    AH,3CH
        INT    21H          ;建立文件 FILE2. DAT,文件代号在 AX 中
        LEA    DX,HC
        MOV    CX,10
        MOV    BX,AX
        MOV    AH,40H
        INT    21H          ;将 HC 缓冲区中 10 个字符写入文件 FILE2. DAT
        MOV    AH,3EH
        INT    21H          ;关闭文件 FILE2. DAT
        MOV    BX,SI
        MOV    AH,3EH
        INT    21H          ;关闭文件 FILE1. DAT
        MOV    AX,4C00H      ;返回 DOS
        INT    21H
MAIN    ENDP
CODE    ENDS
        END    START
```

习　题

9.1　计算机与外部设备之间的数据传送有哪几种方式？

9.2　什么是中断？采用中断方式传送数据有哪些优点？

9.3　写出分配给下列中断类型号在中断向量表中的物理地址。
　　① INT　21H　　　　② INT　13H

9.4　写出将一个字节数据输出到端口 25H 的指令和将一个字数据从端口 1000H 输

入的指令。

9.5　给定(SP)＝0100H,(CS)＝0300H,(FLAGS)＝0240H,以下存储单元的内容为(00020H)＝0040H,(00022H)＝0100H,在段地址为0900H及偏移地址为00A0H的单元中有一条中断指令 INT 8,试问执行 INT 8 指令后,SP,SS,IP,FLAGS 的内容是什么? 栈顶的三个字是什么?

9.6　编写指令序列,使类型 1CH 的中断向量指向中断处理程序 SHOW_CLOCK。

9.7　INT 21H 的键盘输入功能 1 和功能 8 有什么区别?

9.8　编写指令将 12 行 0 列到 22 行 79 列的屏面清除。

9.9　使用 3CH 功能建立一个文件,而该文件已经存在,这时会发生什么情况?

9.10　从缓冲区写信息到一个文件,如果没有有关文件,可能会出现什么问题?

9.11　下面为保存文件代号定义的变量有什么错误?

HANDLE　DB　?

9.12　在数据段中有一字符缓冲区,首地址为 BUFF,以 1AH 字节结尾。编写一子程序将该缓冲区的内容写入文件 FILE 中。

参 考 文 献

[1]　沈美明,温冬婵.IBM—PC 汇编语言程序设计[M].北京:清华大学出版社,2001.

[2]　徐建民.汇编语言程序设计[M].北京:电子工业出版社,2001.

[3]　武马群.汇编语言程序设计[M].北京:北京工业大学出版社,2005.

[4]　姜媛媛,任卓谊.IBM PC 80X86 汇编语言程序设计[M].北京:冶金工业出版社,2004.

[5]　汪黎,吴庆波.汇编语言[M].北京:北京邮电大学出版社,2005.

[6]　吴向军,罗源明.汇编语言程序设计[M].北京:高等教育出版社,2002.

[7]　梁发寅,宗大华.汇编语言程序设计[M].北京:人民邮电出版社,2004.

[8]　程学先,徐东平.汇编语言程序设计[M].武汉:武汉理工大学出版社,2003.

[9]　周德华.汇编语言程序设计[M].北京:冶金工业出版社,2006.

[10]　苏帆,唐永兴,等.汇编语言程序设计[M].武汉:华中科技大学出版社,2005.

[11]　罗省贤,洪志全.汇编语言程序设计教程[M].北京:电子工业出版社,2004.

[12]　杨永生,王立红.汇编语言程序设计[M].北京:清华大学出版社,2004.

[13]　王爽.汇编语言[M].北京:清华大学出版社,2008.

附　录

附表　　　　　　　　　　　**DOS 系统功能调用(INT 21H)**

AH	功　能	调用参数	返回参数
00	程序终止(同 INT 21H)	CS＝程序段前缀 PSP	
01	键盘输入并回显		AL＝输入字符
02	显示输出	DL＝输出字符	
03	辅助设备(COM1)输入		AL＝输入数据
04	辅助设备(COM1)输出	DL＝输出字符	
05	打印机输出	DL＝输出字符	
06	直接控制台	DL＝FF(输入)；DL＝字符(输出)	AL＝输入字符
07	键盘输入(无回显)		AL＝输入字符
08	键盘输入(无回显) 检测 Ctrl＋Break 或 Ctrl＋C		AL＝输入字符
09	显示字符串	DS：DX＝串地址,字符串以'＄'结尾	
0A	键盘输入到缓冲区	DS：DX＝缓冲区首址；(DS：DX)＝缓冲区最大字符数	(DS：DX＋1)＝实际输入的字符数
0B	检验键盘状态		AL＝00 有输入；AL＝FF 无输入
0C	请求缓冲区并请求指定的输入功能	AL＝输入功能号(1,6,7,8)	
0D	磁盘复位		清除文件缓冲区
0E	指定当前默认的磁盘驱动器	DL＝驱动器号(0＝A,1＝B,…)	AL＝系统中驱动器数
0F	打开文件(FCB)	DS：DX＝FCB首地址	AL＝00 文件找到；AL＝FF 文件未找到
10	关闭文件(FCB)	DS：DX＝FCB首地址	AL＝00 目录修改成功；AL＝FF目录中未找到文件
11	查找第一个目录项(FCB)	DS：DX＝FCB首地址	AL＝00 找到匹配的目录项；AL＝FF 未找到匹配的目录项
12	查找下一个目录项(FCB)	DS：DX＝FCB首地址；使用通配符进行目录项查找	AL＝00 找到匹配的目录项；AL＝FF 未找到匹配的目录项

AH	功　能	调用参数	返回参数
13	删除文件(FCB)	DS:DX＝FCB首地址	AL＝00 删除成功；AL＝FF 文件未删除
14	顺序读文件(FCB)	DS:DX＝FCB首地址	AL＝00 读成功；AL＝01 文件结束，未读到数据；AL＝02DTA 边界错误；AL＝03 文件结束,记录不完整
15	顺序写文件(FCB)	DS:DX＝FCB首地址	AL＝00 写成功；AL＝01 磁盘满或是只读文件；AL＝02DTA 边界错误
16	建文件(FCB)	DS:DX＝FCB首地址	AL＝00 建文件成功；AL＝FF 磁盘操作有错
17	文件改名(FCB)	DS:DX＝FCB首地址	AL＝00 文件被改名；AL＝FF 文件未改名
19	取当前默认磁盘驱动器		AL＝00 默认的驱动器号(0＝A,1＝B,2＝C,…)
1A	设置 DATA 地址	DS:DX＝DATA 地址	
1B	取默认驱动器 FAT 信息		AL＝每簇的扇区数；DS:BX＝指向介质说明的指针；CX＝物理扇区的字节数；DX＝每磁盘簇数
1C	取指定驱动器 FAT 信息		同上
1F	取默认磁盘参数块		AL＝00 无错,AL＝FF 出错；DS:BX＝磁盘参数块地址
21	随机读文件(FCB)	DS:DX＝FCB首地址	AL＝00 读成功；AL＝01 文件结束；AL＝02DTA 边界错误；AL＝03 读部分记录
22	随机写文件(FCB)	DS:DX＝FCB首地址	AL＝00 写成功；AL＝01 磁盘满或是只读文件；AL＝02DTA 边界错误
23	测定文件大小(FCB)	DS:DX＝FCB首地址	AL＝00 成功,记录数填入FCB；AL＝FF 未找到匹配的文件
24	设置随机记录号	DS:DX＝FCB首地址	
25	设置中断向量	DS:DX＝断向量 AL＝中断类型号	
26	建立程序段前缀 PSP	DX＝新 PSP 段地址	

AH	功　能	调用参数	返回参数
27	随机分块读(FCB)	DS:DX=FCB首地址	AL=00读成功,AL=01文件结束,AL=02DTA边界错误,AL=03读部分记录;CX=读取的记录数
28	随机分块写(FCB)	DS:DX=FCB首地址	AL=00写成功;AL=01磁盘满或是只读文件;AL=02DTA边界错误
29	分析文件名字符串(FCB)	ES:DI=FCB首地址;DS:SI=AS-CIZ串;AL=分析控制标志	AL=00标准文件;AL=01多义文件;AL=FF驱动器说明无效
2A	取系统日期		CX=年(1980－2099);DH=月(1~12);DL=日(1~31);AL=星期(0~6)
2B	置系统日期	CX=年(1980－2099);DH=月(1~12);DL=日(1~31)	AL=00成功;AL=FF无效
2C	取系统时间		CH:CL=时:分;DH:DL=秒:1/100秒
2D	置系统时间	CH:CL=时:分;DH:DL=秒:1/100秒	AL=00成功;AL=FF无效
2E	设置磁盘检验标志	AL=00关闭检验;AL=FF打开检验	
2F	取DTA地址		ES:BX=DTA首地址
30	取DOS版本号		AL=版本号;AH=发行号;BH=DOS版本标志;BL:CX=序号(24位)
31	结束并驻留	AL=返回码;DX=驻留区大小	
32	取驱动器参数块	DL=驱动器号	AL=FF驱动器无效;DS:BX=驱动器参数块地址
33	Ctrl+Break检测	AL=00取标志状态	DL=00关闭Ctrl+Break检测;DL=01打开Ctrl+Break检测
35	取中断向量	AL=中断类型	ES:BX=中断向量
36	取空闲磁盘空间	DL=驱动器号(0=默认,1=A,2=B,…)	成功:AX=每簇扇区数,BX=可用簇数,CX=每扇区字节数,DX=磁盘总簇数

续附表

AH	功　能	调用参数	返回参数
38	置/取国别信息	AL=00 或取当前国别信息,AL=FF 国别代码放在 BX 中;DS:DX=信息区首地址;DX=FFFF 设置国别代码	BX=国别代码(国际电话前缀码);DS:DX=返回的信息区首址;AX=错误代码
39	建立子目录	DS:DX=ASCIZ 串地址	AX=错误码
3A	删除子目录	DS:DX=ASCIZ 串地址	AX=错误码
3B	设置目录	DS:DX=ASCIZ 串地址	AX=错误码
3C	建立文件(handle)	DS:DX=ASCIZ 串地址;CX=文件属性	成功:AX=文件代号;失败:AX=错误码
3D	打开文件(handle)	DS:DX=ASCIZ 串地址;AL=访问和文件共享方式;0=读,1=写,2=读/写	成功:AX=文件代号;失败:AX=错误码
3E	关闭文件(handle)	BX=文件代号	失败:AX=错误码
3F	读文件或设备(handle)	DS:DX=ASCIZ 串地址;BX=文件代号;CX=读取的字节数	成功:AX=实际读入的字节数;AX=0 已到文件尾;失败:AX=错误码
40	写文件或设备(handle)	DS:DX=ASCIZ 串地址;BX=文件代号;CX=写入的字节数	成功:AX=实际写入的字节数;失败:AX=错误码
41	删除文件	DS:DX=ASCIZ 串地址	成功:AX=00;失败:AX=错误码
42	移动文件指针	BX=文件代号;CX:DX=位移量;AL=移动方式	成功:DX:AX=新指针位置;失败:AX=错误码
43	置/取文件属性	DS:DX=ASCIZ 串地址;AL=00 取文件属性;AL=01 置文件属性;CX=文件属性	成功:CX=文件属性;失败:AX=错误码
44	设备驱动程序控制	BX=文件代号;AL=设备子功能代码(0~11H)(0=取设备息,1=置设备信息,2=读字符设备,3=写字符设备,4=读块设备,5=写块设备,6=取输入状态,7=取输出状态,……);BL=驱动器代码;CX=读/写的字节数	成功:DX=设备信息,AX=传送的字节数;失败:AX=错误码
45	复制文件代号	BX=文件代号1	成功:AX=文件代号2;失败:AX=错误码
46	强行复制文件代号	BX=文件代号1;CX=文件代号2	失败:AX=错误码

AH	功　　能	调用参数	返回参数
47	取当前目录路径名	DL＝驱动器号；DS：SI＝ASCIZ 串地址（从根目录开始的路径名）	成功：DS：SI＝当前 ASCIZ 串地址；失败：AX＝错误码
48	分配内存空间	BX＝申请内存字节数	成功：AX＝分配内存的初始段地址；失败：AX＝错误码 BX＝最大可用空间
49	释放已分配内存	ES＝内存起始段地址	失败：AX＝错误码
4A	修改内存分配	ES＝原内存起始段地址；BX＝新申请内存字节数	失败：AX＝错误码，BX＝最大可用空间
4B	装入/执行程序	DS：DX＝ASCIZ 串地址；ES：BX＝参数区首地址；AL＝00 装入并执行程序，AL＝01 装入程序，但不执行	失败：AX＝错误码
4C	带返回码终止	AL＝返回码	
4D	取返回代码		AL＝子出口代码；AH＝返回代码：00 为正常终止，01 为用 Ctrl＋C 终止，02 为严重设备错误终止，03 为用功能调用 31H 终止
4E	查找第一个匹配文件	DS：DX＝ASCIZ 串地址；CX＝属性	失败：AX＝错误码
4F	查找下一个匹配文件	DTA 保留 4EH 的原始信息	失败：AX＝错误码
50	置 PSP 段地址	BX＝新 PSP 段地址	
51	取 PSP 段地址		BX＝当前运行进程的 PSP
52	取磁盘参数块		ES：BX＝CD 参数块链表指针
53	把 BIOS 参数块（BPB）转换为 DOS 的驱动器参数块（DPB）	DS：SI＝BPB 的指针 ES：BP＝DPB 的指针	
54	取写盘后读盘的检验标志		AL＝00 检验关闭；AL＝01 检验打开
55	建立 PSP	DX＝建立 PSP 的段地址	
56	文件改名	DS：DX＝当前 ASCIZ 串地址；ES：DI＝新 ASCIZ 串地址	失败：AX＝错误码
57	置/取文件日期和时间	BX＝文件代号；AL＝00 读取日期和时间；AL＝01 设置日期和时间；(DX：CX)＝日期：时间	
58	取/置内存分配策略	AL＝00 策略代码；AL＝01 置策略代码；BX＝策略代码	成功：AX＝策略代码；失败：AX＝错误码

AH	功 能	调用参数	返回参数
59	取扩充错误码	BX=00	AX=扩充错误码;BH=错误类型;BL=建议的操作;CH=出错设备代码
5A	建立临时文件	CX=文件属性;DS:DX=ASCIA 串(以\结束)地址	成功:AX=文件代号,DS:DX=ASCIZ 串地址;失败:AX=错误代码
5B	建立新文件	CX=文件属性;DS:DX=ASCIZ 串地址	成功:AX=文件代号;失败:AX=错误代码
5C	锁定文件存取	AL=00 锁定文件指定的区域,AL=01 开锁;BX=文件代号;CX:DX=文件区域偏移值;SI:DI=文件区域的长度	失败:AX=错误代码
5D	取/置严重错误标志的地址	AL=06 取严重错误标志地址;AL=0A 置 ERROR 结构指针	DS:SI=严重错误标志的地址
60	扩展为全路径名	DS:DX=ASCIZ 串地址;ES:DI=工作缓冲区地址	失败:AX=错误代码
62	取程序段前缀地址		BX=PSP 地址
68	刷新缓冲区数据到磁盘	AL=文件代号	失败:AX=错误代码
6C	扩充的文件打开/建立	AL=访问权限;BX=打开方式;CX=文件属性;DS:DX=ASCIZ 串地址	成功:AX=文件代号,CX=采取的动作;失败:AX=错误代码